农田面源污染防治
——生态农业技术模式与指南

贺 斌 张思毅 孙 岩 周凯军 黄玩群 等 编著

U0230404

科学出版社

北 京

内 容 简 介

本书第一部分按照"源头减量−过程阻控−末端净化−养分再利用−生物多样性保护和提升"原则，构建广东省首个面向农田面源污染防治的生态农业示范区，总结形成生态农业的"稻渔综合种养系统源头减量模式"、"生态沟渠＋小型生态净化塘过程阻控模式"、"生态净化塘＋生态人工湿地末端净化与养分再利用模式"和"生物多样性保护和提升技术模式"四种技术模式，并结合实际工程案例，进行详细阐述；第二部分针对上述四种技术模式，总结九种主要生态农业技术，对每一种技术的具体设计、构建参数、植物品种选择配置、后期管护、技术要点等进行详细说明。

本书可供农业资源与环境、农业生态工程、环境科学与工程等相关领域的科研人员、管理人员、高等院校师生阅读参考。

审图号：粤AS（2023）040号

图书在版编目（CIP）数据

农田面源污染防治：生态农业技术模式与指南 / 贺斌等编著 . —北京：科学出版社，2023.12
　　ISBN 978-7-03-077382-1

Ⅰ．①农⋯　Ⅱ．①贺⋯　Ⅲ．①农业污染源−面源污染−污染防治　Ⅳ．① X501

中国国家版本馆 CIP 数据核字 (2023) 第 248144 号

责任编辑：郭允允 / 责任校对：郝甜甜
责任印制：徐晓晨 / 封面设计：图阅社

科 学 出 版 社 出版
北京东黄城根北街 16 号
邮政编码：100717
http://www.sciencep.com

北京建宏印刷有限公司印刷
科学出版社发行　各地新华书店经销

*

2023年12月第 一 版　开本：720×1000　1/16
2024年10月第二次印刷　印张：14 3/4
字数：300 000

定价：**188.00元**
（如有印装质量问题，我社负责调换）

编　委　会

主要作者简介

贺斌，广东省科学院生态环境与土壤研究所研究员、博士生导师。入选国家高层次人才计划、中国科学院高层次人才计划等；历任东京大学博士后、助理教授，京都大学副教授，中国科学院研究员，广东省科学院研究员等。主要从事流域水循环与污染控制等方面的研究。主持国家自然科学基金、国家重点研发计划项目课题、广东省重点研发计划项目、科技部国家外国专家项目等 40 余项，已发表论文 100 余篇、学术专著 5 部、专利和软件著作权 50 余项。担任 50 余种 SCI 期刊审稿人、8 种期刊的常务副主编 / 副主编 / 编委、国际地质灾害与减灾协会（ICGdR）滨岸带环境灾害委员会主席、国际水文科学协会（IAHS）中国委员会遥感分委员会副主席等。

张思毅，广东省科学院生态环境与土壤研究所副研究员，北京师范大学博士，美国宾夕法尼亚州立大学农业科学学院访问学者。主要研究方向为面源污染与水资源、土壤水文与生态水文、水土保持与土壤侵蚀等。主持国家自然科学基金、广东省自然科学基金、广东省重点研发计划项目课题等 7 个科研项目，参与多项其他省部级项目，发表论文 40 余篇，申请 / 授权专利 10 余项。

前　　言

在当今中国，随着社会经济的发展和人民生活水平的提高，环境污染问题日益受到关注。第二次全国污染源普查结果显示，我国面源污染问题仍然很突出。面源污染作为环境污染的主要组成部分，具有广泛性、隐蔽性和难追溯性的特点，给环境治理带来了极大的困难。在众多的面源污染中，农田面源污染问题尤为突出。随着农业集约化程度的提高和不合理使用化肥、农药等现象的增多，我国农田面源污染问题日益严重。它直接威胁到农产品的质量安全和人民的身体健康，影响到整个农业生态系统的稳定性和可持续性，造成土壤和水环境污染和生态破坏。解决这一问题的紧迫性和重要性日益凸显。

生态农业是解决农田面源污染问题的重要途径之一。它是一种以保护和改善生态环境为目标，运用生态学和系统科学的基本原理，结合现代科学技术手段，对传统农业进行优化和改进的新型农业模式。通过生态农业的推广和应用，可以实现农业生产的良性循环和农业环境的持续改善，同时提高农业生产效率和农民收入水平。这种模式不仅能够减少化肥、农药等化学物质的施用量，降低污染物排放，而且能够提高农产品质量，促进农业可持续发展。因此，生态农业对于治理农田面源污染具有重大的现实意义和长远的历史意义。

党中央对农田面源污染及生态农业问题高度重视。习近平总书记多次指出，要精准治污、科学治污、依法治污，以钉钉子精神推进农业面源污染防治，为打赢污染防治攻坚战提供科学指引。《水污染防治行动计划》要求控制农业面源污染，开展农作物病虫害绿色防控和统防统治，新建高标准农田要达到相关环保要求。敏感区域和大中型灌区，要利用现有沟、塘、窖等，配置水生植物群落、格栅和透水坝，建设生态沟渠、污水净化塘、地表径流集蓄池等设施，净化农田排水及地表径流。《中共中央 国务院关于深入打好污染防治攻坚战的意见》、《农业农村污染治理攻坚战行动方案（2021—2025 年）》、《"十四五"土壤、地下水和农村生态环境保护规划》、《"十四五"全国农业绿色发展规划》和《农业面源污染治理与监督指导实施方案（试行）》等文件均明确提出要加强农业面源污染防控。2022 年中央一号文件明确指出要加强农业面源污染综合治理。同时，国家有关部门也出台了一系列相关政策，如《关于加快发展农业循环经济的指导意见》，以推动生态农业的发展和农田面源污染的协同防治。

为深入推进生态农业与防治农田面源污染，在认真总结广东省典型生态农业示范建设项目的经验和成果的基础上，本书第一部分详细介绍了四种典型的生态农业技术模式，结合实际工程案例进行了详细阐述；第二部分则针对上述四种技术模式，总结了九种主要的生态农业技术，涵盖了从源头减量到末端净化的全过程，涉及具体设计、构建参数、植物品种选择配置、后期管护和技术要点等多个方面。希望本书的出版能够为农业资源与环境、农业生态工程、环境科学与工程等相关专业的科研人员、管理人员、高等院校相关师生以及广大农民朋友提供有益的参考和借鉴，能够为推动我国农田面源污染防治工作和生态农业发展做出微薄的贡献。

本书得到了国家自然科学基金项目（42177065、42321005）、国家重点研发计划项目（2023YFC3205700）、广东省重点领域研发计划项目（2020B1111530001）、广东省科学技术厅科技计划项目（2019B121201004）、广东省科学院建设国内一流研究机构行动专项资金项目（2020GDASYL-20200102013）、广东省"珠江人才计划"项目（2019QN01L682）等资助，特此致谢。

本书由于编著者知识水平和经验有限，同时由于学科发展较快，涉及面广，虽数易其稿，但疏漏和不当之处在所难免，敬请读者批评指正。

作者

2023 年 12 月

目 录

第一部分 生态农业技术模式

第二部分　生态农业技术指南

第一部分　生态农业技术模式

第1章　农田面源污染与生态农业

近年来我国水污染状况不断改善，但部分河流湖库水污染和富营养化形势依然严峻，2020 年全国地表水监测的 1937 个水质断面（点位）中，Ⅳ类占 13.6%、Ⅴ类占 2.4%，劣Ⅴ类占 0.6%，主要污染指标为化学需氧量、总磷和高锰酸盐指数；2020 年开展水质监测的 112 个重要湖泊（水库）中，Ⅳ~Ⅴ类占 17.8%，劣Ⅴ类占 5.4%，主要污染指标为总磷、化学需氧量和高锰酸盐指数。部分重要的湖泊水质持续下降，如滇池、太湖、巢湖为富营养化状态，部分区域水质总氮、总磷指标等级已达劣Ⅴ类。农业面源污染是影响水环境、土壤环境和农村生态环境质量的重要因素之一，由于其涉及范围广、随机性大、隐蔽性强、不易溯源、难以监管等原因，治理难度很大，已经成为制约我国现代农业和社会可持续发展的瓶颈。据《第二次全国污染源普查公报》结果，2017 年全国水污染物排放量含铵态氮 96.34 万 t、总氮 304.14 万 t、总磷 31.54 万 t，其中农业源水污染物排放量含铵态氮 21.62 万 t、总氮 141.49 万 t、总磷 21.20 万 t，农业源所占比例为铵态氮 22.4%、总氮 46.5%、总磷 67.2%。控制农业源氮磷排放是实现水环境质量根本改善的核心。在农业源氮磷排放中，来自农田的氮磷排放又占很大比例，要实现农业面源污染的有效控制，必须首先控制农田面源污染（杨林章，2018）。

1.1　农田面源污染

1.1.1　农田面源污染相关概念

面源污染是相对于点源污染而言的，通常也被称为非点源污染（non-point source pollution）。点源污染主要指工业生产过程与部分城市生活中产生的污染物，这种污染形式具有排污点集中、排污途径明确等特征。面源污染广义上指各种没有固定排污源的环境污染，狭义上主要指水环境的非点源污染（李海鹏，2007）。《辞海》将"面源污染"解释为：在大面积范围内以弥散或大量小点源形式排放污染物，在自然环境（大气、土壤、水体等）中混入危害人体健康、降低环境质量或者破坏生态平衡的污染物的现象。面源污染的定义最早来源于美国《清洁水法》修正案,其定义为污染物以广域的、分散的、微量的方式进入地表水及地下水体。该定义使得部分研究者认为面源污染是水环境的非点源污染。贺瑞敏等（2005）认为面源污染是相对于点源污染而言的,除工业废水、城市生活污水等具有固定排放口的污染源以外,其他各类污染源统称为非点源。具体来说,面源污染是指时空上无法定点监测的,与大气、水、土壤、植被、地质、地貌、地形等环境条件和人类活动密切相关的,通过降雨径流的淋溶和冲刷作用使大气、地表及土壤中的污染物进入江河、湖泊、水库和海洋等自然受纳水体,引起水体悬浮物浓度升高、有毒害物质浓度增加、水体富营养化和酸化等,造成水体污染的现象。张锋（2011）认为非点源污染是指溶解态或颗粒态污染物从非特定地点,在非特定时间,在降水和径流冲刷作用下,通过径流过程汇入河流、湖泊、水库和海洋等自然受纳水体,进而引起的水体污染。

　　农业污染源是目前面源污染中污染范围最大、程度最深、分布最广泛的一种,也是世界范围内面源污染控制的核心和难点。广义的农业面源污染是指在农业生产和生活过程中产生的、未经合理处置的污染物,包括农村生活污水、生活垃圾、农药、肥料、动物粪便等,对水体、土壤、空气及农产品造成的污染。农业面源污染涵盖土壤、水体等整个农村生态系统,主要污染类型包括氮磷元素、农药成分、农作物秸秆和残茬,以及农村生活垃圾等,其主要污染物质形式为氮、磷、重金属、有机质、病原微生物和塑料增塑剂等。狭义的农业面源污染主要指在农业活动中,农田土壤中的氮、磷、农药及其他物质在降水或灌溉过程中通过农田地表径流、农田排水和地下渗漏进入水体而形成的水环境污染。污染物质包括土壤颗粒、土壤有机物、化肥、有机肥、农膜和农药等。

　　农田作为农业生产中最根本、最重要的载体,是面源污染发生的主要场所。因此,分析农田面源污染的区域差异和演变特征,是合理防治农田面源污染,促进区域农田生态环境改善,提高农产品安全和品质的重要环节（徐新良等,2021）。农田面源污染是在农业生产活动中,氮、磷、钾肥等化肥,农药和有机或无机污染物通过农田地表径流和农田渗漏等作用产生的污染问题（汪洋,2007）。近年来科学评估和探究农田面源污染越来越受到重视。

1.1.2　农田面源污染的特征

　　农田面源污染具有分散性和隐蔽性、随机性和不确定性、广泛性和难监测性、滞后性和风险性、危害的严重性和防治的长期性等特征（徐谦,1996）。

1. 分散性和隐蔽性

农田面源污染具有分散性的特征，它随流域内土地利用状况、地形地貌、水文特征、气候、天气等不同而具有空间异质性和时间上的不均匀性。农田面源污染排放的分散性导致其地理边界和空间位置不易识别（徐新良等，2021）。

2. 随机性和不确定性

从农田面源污染的起源和形成过程来看，其与降水过程、降水时间、降水强度密切相关。此外，面源污染的形成还与其他许多因素，如汇水面性质、地貌、地理位置、气候等也都密切相关。因此，农田面源污染涉及随机变化和随机影响。农作物的生产受多种因素影响，与降雨的大小、密度、温度、湿度等自然条件密切相关，而自然条件具有随机特性，因此，农田面源污染发生具有较大的随机性。同时，因为农田面源污染的影响因素多，排放途径复杂，且各因素之间又相互影响，致使其形成机理具有较大的不确定性（徐新良等，2021）。

3. 广泛性和难监测性

化肥、农药、地膜、秸秆等污染物都可能进入周边的水系，引发面源污染，而这些污染物广泛分布在农业区域，使得农田面源污染呈现广泛性。由于农田面源污染涉及多个污染者，在给定的区域内它们的排放是相互交叉的，加之不同的地理、气象、水文条件对污染物的迁移转化影响很大，因此很难具体监测到单个污染者的排放量。严格地讲，面源污染并非不能具体识别和监测，而是信息和管理成本过高。虽然近年来遥感技术、地理信息系统技术为其监控、预测和检验提供有力的数据支持，可以对面源污染进行模型化描述和模拟，但是识别和监测成本仍很高（徐新良等，2021）。

4. 滞后性和风险性

面源污染对环境产生的影响是一个量的积累过程，农田面源污染从源头到水体、土壤、空气，也需要一个过程，这就决定其具有滞后性，当发现水体、土壤、空气受到污染，再回头治理或防治已经十分困难。农田面源污染是一个从量变到质变的过程，决定其危害表现具有滞后性，农田面源污染物质主要是对生态环境的破坏作用，刚开始时往往表现不十分明显，但各种残留物质的潜在生态风险很大（徐新良等，2021）。

5. 危害的严重性和防治的长期性

农田面源污染主要是氮磷化肥、农药残留物、农膜残片，以及废弃秸秆等，对人体健康、其他生物、生态环境直接或间接有害，部分污染物可能损害中枢神经或者累积在器官中，导致蓄积中毒甚至诱发肿瘤；氮、磷过多将导致水体的富营养化，使水中溶解氧减少，导致水生生物死亡，引发蓝藻、水华现象。农业是国民经济的基础，其生产方式改变缓慢，因此，农田面源污染将持续相当长的历史时期，防治工作具有长期特性（徐新良等，2021）。

1.1.3　农田面源污染的成因

农田面源污染主要包括化肥、农药、农膜、秸秆产生的污染等。农业本身生产过程中存在严重的面源污染问题，农药和化肥的大量使用在提高农作物产量的同时，也影响着生态环境，突出表现在农药、化肥的流失对地表水、土壤、大气的污染，以及在农产品中的残留，因此造成了环境污染问题，农产品质量安全也令人担忧，对环境带来的负面效应已经直接影响到人们的日常生活，对人们的健康和农业可持续发展造成了极大的威胁（张锋，2011）。

1. 化肥施用不当造成的污染

改革开放以来，在我国各地都在不断地加大化肥、农药等农业投入品的施用数量，用以推动农业产量的持续增长。据《2016 中国统计年鉴》显示，2015年我国单位耕地面积农作物化肥使用量为 446.1kg/hm^2，远远超出世界平均水平，虽然此后逐渐下降，但是 2019 年仍高达 422.6 kg/hm^2。我国的化肥施用量全球最高，但是效率不高。受施肥方式、施肥结构和氮磷钾养分比例等因素的影响，化肥利用率很低，氮肥、磷肥、钾肥当季利用率分别仅为 30%～35%、10%～20%、35%～50%，低于发达国家 15%～20%，累计利用率也很低（李世娟和李建民，2001）。大量滥施化肥导致土壤板结、耕地质量变差、肥料的利用率低。土壤中的氮、磷等营养元素除被作物吸收利用和土壤残留之外，剩余的营养元素在降水及灌溉的作用下，通过地表径流或淋溶流失到水环境中，导致地表水体的富营养化和地下水污染（李世娟和李建民，2001）。据联合国粮食及农业组织估计，中国农田磷素进入水体的量为 195kg/hm^2，印度为 109kg/hm^2，美国为 22kg/hm^2（王艳华等，2011）。我国农田流失进入水体的磷通量比美国高 8 倍以上（甄兰等，2002），按这一估计，中国每年从农田进入水体的磷素流失量为 195 万 t P$_2$O$_5$。流入河、湖中的氮素约有 60% 来自化肥，尤其是在一些重要流域。蔬菜、水果、花卉的播种面积大幅度增加，氮、磷肥料超高量使用普遍，单季作物化肥纯养分用量平均为 569 ~ 2000kg/hm², 为普通大田作物的数倍甚至数十倍, 成为农田面源污染的主要威胁之一（徐谦, 1996）。

2. 农药使用造成的污染

农田农药流失也是农田面源污染的重要污染源之一。自我国 20 世纪 40 年代使用有机氯农药以来, 化学农药发展非常迅速, 根据《2021 中国经济年鉴》显示, 2020 年前我国农药的施用量 15 年翻一番, 品种由原来的 100 多种增加到 2000 多种。我国每年农药的使用量在 26 万 t 左右, 位居全球榜首, 其中华南地区农药施用强度最高, 平均值为 24 kg/hm², 其中海南超过 30 kg/hm²（王芳等, 2022; 颜志辉等, 2022）。农药施用后能作用于害虫等目标的量很小, 目前我国三大粮食作物农药平均利用率仅为 40.6%, 欧美发达国家的利用率是 50% ~ 60%。大部分农药飘散于非目标物, 进入大气、落在植物体上、进入土壤、流入地表水、渗入地下水, 通过径流、渗漏、飘移等形式流失, 污染土壤、水体和空气, 破坏土壤的化学成分, 降低土壤肥力, 参与生态系统循环, 严重威胁着生态环境安全、农产品质量安全、人类的身体健康和生命安全。

3. 农膜使用产生的污染

随着农业科学技术的发展, 农用地膜的应用越来越广泛。使用塑料农膜能够有效地改善和优化栽培条件, 起到保湿、保温、保肥和保土等作用, 极大地促进农作物早熟、增产, 提高农产品质量。但是, 由于农膜质量不过关、回收技术落后、缺乏相关的法律法规和监管政策, 农膜残片滞留在农田土壤, 影响耕种。农膜的主要成分是高分子有机化合物, 自然条件下难以降解, 可残留 20 年以上, 影响土壤的透气性, 阻碍土壤水、肥的运转, 进而影响农作物根系的生长发育, 使得作物减产。此外, 塑料农膜中的增塑剂会在土壤中挥发, 对农作物特别是蔬菜水果有很大毒性, 导致作物生长缓慢或黄化, 甚至死亡。当前, 我国覆盖地膜的农田污染状况呈现日趋严重的趋势, 已经成为农田污染的主要来源之一。

4. 农作物秸秆等废弃物污染

我国每年产生约 6 亿 t 秸秆, 目前尚有约 1/3 的秸秆未得到很好的利用。随着粮食安全问题的日益突出, 国家不断加大粮食优惠政策和支持力度, 农业生产规模不断扩大, 农业秸秆产生量不断增加。同时, 随着农村经济发展和社会进步, 农民生活方式和农村能源结构发生改变, 秸秆在大部分农户中不再作为能源, 而采用露天焚烧处理的比例不断增加, 造成污染强度增加。此外, 随着农村劳动力的非农转移,农村有效劳动力减少,对于秸秆的处理方式愈来愈倾向于简单粗放,进而也导致较高的污染(王静等,2011)。

5. 土壤本身的污染

水土流失是导致面源污染发生的重要因素,90%以上的营养物流失和土壤流失有关。水土流失中的土壤和泥沙本身就是一种污染物,同时也是有机物、重金属、磷酸盐等污染物的主要携带者,大量的氮、磷等营养物质随着土壤流失,成为面源污染的重要组成部分。由于不合理耕作带来的扰动增加农田侵蚀,以及乱砍滥伐等造成森林面积锐减、植被严重破坏,加上自然灾害发生频繁,水土流失引起的土壤侵蚀和养分流失惊人。水土流失加重农田面源污染,导致生态环境恶化。

1.1.4 农田面源污染的危害

农田面源污染的危害主要体现在加剧水体富营养化、造成农业生态环境污染、土壤肥力下降、危害生物及农业生态系统平衡失调、影响农业区域景观美,另外对农业本身也会造成不良影响。

1. 造成水体污染,加剧水体富营养化

富营养化是指在湖泊、水库或海湾等封闭或半封闭性水体内氮、磷等营养元素富集,导致一些藻类生长过旺,这些藻类消耗水中大量的溶解氧,致使水体其他生物不能正常新陈代谢从而逐渐死亡,水体逐渐发黑发臭。水华、赤潮现象的发生都是水体富营养化的结果。面源污染是水体富营养化的重要因素之一。在农田面源污染中包括大量的化肥、有机肥、秸秆和农药等。这些污染物都含有大量氮、磷和有机物,能引起水体的富营养化,极大促进水中藻类生长,消耗大量的氧,致使水体中溶解氧下降、水质恶化、水生生物生存受到影响,严重时可导致鱼类死亡,形成的厌氧性环境使好氧微生物逐渐减少甚至消失,厌氧微生物大量增加,改变水体生物种群,从而破坏水环境,影响人类的生产生活。

化肥施用于农田后,发生解离形成阳离子和阴离子,一般生成的阴离子为硝酸盐、亚硝酸盐、磷酸盐等,这些阴离子因受带负电荷的土壤胶体和腐殖质的排斥作用而易向下淋失;随着灌溉和自然降雨,这些阴离子随淋失而进入地下水,导致地下水中硝酸盐、亚硝酸盐及磷酸盐含量增高,使得地下水中硝态氮含量严重超标。硝态氮、亚硝态氮的含量是反映地下水水质的一个重要指标,其含量过高则会对人畜直接造成危害，使人类发生病变，严重影响身体健康。此外，大量使用农药也加大难降解农药随水迁移到地下水的危险。

2. 引起土壤污染和土壤肥力下降

长期过量施用化肥，会造成土壤酸化、营养失调、重金属污染等土壤问题。氮肥在土壤中的硝化作用产生硝酸盐，当铵态氮肥和有机氮肥转变成硝酸盐时，会释放出氢离子导致土壤酸化；此外，氮肥在厌氧条件下，可进行反硝化作用，以氨气、氮气的形式进入大气，大气中的氨气、氮气可经过氧化与水解作用转化成硝酸，降落到土壤中引起土壤酸化。磷酸钙、硫酸铵、氯化铵等生理酸性肥料会在植物吸收肥料中的养分离子后向土壤中释放氢离子，长期施用生理酸性肥料也会导致土壤酸化。酸性土壤施用氯化钾后，钾离子会将土壤胶体上的氢离子、铝离子交换下来，致使土壤溶液中氢离子、铝离子浓度迅速升高，引起土壤酸化。化肥施用促进土壤酸化现象在酸性土壤中最为严重。土壤酸化后可加速钙、镁从耕作层淋溶，从而降低盐基饱和度和土壤肥力。

我国施用的化肥以氮肥为主，而磷肥、钾肥和复合肥较少，长期这样施用会加剧土壤磷、钾的耗竭，造成土壤硝酸盐累积，导致土壤营养失调（甄兰等，2002）。硝酸根本身无毒，但若未被作物充分同化可使其含量迅速增加，会降低农产品的品质，如果摄入人体后被微生物还原为亚硝酸根，会使血液的载氧能力下降，诱发高铁血红蛋白血症，严重时可使人窒息死亡；硝酸根还可以在体内转变成强致癌物质亚硝胺，诱发各种消化系统癌变，危害人体健康。

化肥从原料开采到加工生产，总是带进一些重金属元素或有毒物质，尤其是磷肥。我国目前施用的化肥中约20%是磷肥，磷肥的生产原料磷矿石含有大量有害元素，同时磷矿石加工过程还会带进其他重金属。利用废酸生产的磷肥中还会带有三氯乙酸，对作物会造成毒害。利用畜禽粪污生产的有机肥，往往含有大量的抗生素、激素、添加剂和重金属，上述物质往往兼具环境持久性、生物累积性、长距离迁移能力和高毒性，通过有机肥施用在土壤中富集会对土壤性质和农产品品质与安全造成负面影响。

过量施用氮肥和磷肥，钾肥施用不足，使得土壤容易板结，土壤的质地、结构和孔隙度发生变化，影响土壤的通透性、排水和蓄水能力等，最终导致土壤和肥料养分易流失，农作物耕作效果差，肥料利用率低下。

过度施用化肥造成的土壤酸化、营养失调、重金属污染等，会降低土壤微生物的活性、数量和种群。土壤微生物是个体小而能量大的活体，它们既是土壤有机质转化的执行者，又是植物营养元素的活性库，具有转化有机质、分解矿物和降解有毒物质的作用，土壤微生物功能的损失会造成农田土壤肥力下降。

我国农用塑料的使用量得到极大增长，特别是薄膜的使用量已居世界第一。使用农膜虽然给农民带来了极大的经济效益，同时也给土壤造成了严重的污染，由于其难以降解，残留于土壤中会破坏耕层结构，妨碍耕作，影响土壤通气和水肥传导，对农作物生长发育不利。

3. 造成大气污染

农田施用的化肥本身易分解挥发，施用方法不合理容易造成气态损失。常用的氮肥如尿素、硫酸铵、氯化铵和硫酸氢铵等铵态氮肥，在施用于农田的过程中，会发生氨的气态损失；施用后直接从土壤表面挥发成氨气、氮氧化物气体进入大气中；很大一部分有机氮、无机氮形态的硝酸盐进入土壤后，在土壤微生物反硝化细菌的作用下被还原为亚硝酸盐，进一步转化成二氧化氮进入大气。此外，化肥在储运过程中的分解和风蚀也会造成污染物进入大气。氮肥分解产生的氨气是一种刺激性气体，会严重刺激人体的眼、鼻、喉及上呼吸道黏膜，可导致气管、支气管发生病变，使人体健康受到严重伤害。高浓度的氨也影响作物的正常生长。氮肥施入土中后，有一部分可能经过反硝化作用，形成氮气和氧化亚氮，从土壤中逸散出来，进入大气。氧化亚氮到达臭氧层后，与臭氧发生作用，生成一氧化氮，使臭氧减少，破坏大气臭氧层。由于臭氧层遭受破坏而不能阻止紫外线透过大气层，强烈的紫外线照射对生物有极大的危害，如使人类皮肤癌患者增多等。

4. 造成生态环境污染，导致生态系统失衡

在农业生态环境中，一些物质如有机物质或者金属元素，进入到农业生态系统，由于食物链的关系在各级生物体内逐级传递，不断浓缩聚集；也有某些物质在环境中的起始浓度不是很高，经过食物链的逐级转化吸收，浓度逐渐提高，最后形成生物富集或放大作用。例如，有机氯类农药（滴滴涕、艾氏剂等）化学性质稳定，初始浓度可能不高，但在环境中残留时间长，不易分解，且易溶于脂肪中，在脂肪内蓄积会毒害生物体。

生态系统平衡失调主要表现在结构失调和功能失调两个方面。结构方面主要是指生态系统中生产者、消费者和分解者三者之间比例。农田生态系统中，大量使用农药不仅会杀死害虫，也会导致许多其他的生物死亡，使得生物多样性减少，生态系统简单化。功能方面主要是指能量流动在生态系统内循环受阻或中断。例如，水体富营养化后，农业区域内水体氮、磷输入和输出比例失调。

1.2　农田面源污染防治

1.2.1　农田面源污染防治含义

农田面源污染防治至少包括预防、控制、治理三个层次的含义。

（1）农田面源污染预防是在农田面源污染发生前而采取的各种手段和方法。农田面源污染预防是为降低农田面源污染有害的环境影响而采用的技术、材料、产品、服务或能源以避免、减少或控制任何类型的污染物或者废弃物的产生、排放或废弃（贺斌和胡茂川，2022）。国内外大量实践表明，从源头控制农田面源污染物的产生和进入环境是控制农田面源污染问题的最佳处理对策。根据农田面源污染的组成，其解决措施主要是：减少源头污染量，即减少农药化肥等的使用量，合理科学处理秸秆、农膜等有机和无机污染物质。农田面源污染预防包括源削减或者消除，过程、产品或者服务的更改，资源的有效利用，材料或者能源替代、回收、再利用、再循环和再生。

（2）农田面源污染控制是控制污染物排放的手段，包括污染物排放控制技术和政策两个主要方面。技术一般由企业或科研机构研发，按照市场机制运行，主要以配合污染控制政策为目的。制定污染控制政策是国家的职能，污染控制政策一般由环境质量和经济发展状况决定。

（3）农田面源污染治理是在面源污染发生后而采取的技术措施。主要是针对农田排水的处理，在农田排水流入河流、湖泊等受纳水体之前，通过一定的技术手段，将农田排水中的氮、磷等营养元素和其他有害物质进行消纳和净化（吴昊平等，2022）。

1.2.2　农田面源污染防治的主要思路与技术

经过多年研究与实践，杨林章（2018）提出面源污染治理过程中的"环境、管理和政策三位一体"的总体治理思路，以及以减少农田氮磷投入为核心、拦截农田径流排放为抓手、实现排放氮磷回用为途径、水质改善和生态修复为目标的农田面源污染治理集成技术，即从源头开始进行减量（reduce），在氮磷输移过程中进行阻断、拦截（retain），将排放的氮磷进行回用（reuse），最后实现水环境的修复（restore），简称"4R"技术。"4R"技术的应用，有效突破面源污染散乱的瓶颈，实现农田面源污染的全过程防控与全空间覆盖、面源污染的近零排放及改善水体环境质量的目标。

1. 源头减量技术

通过构建农田面源污染源头减量系列技术，在维持农田高产前提下实现农田面源污染治理的源头控制。要想解决施肥过度的问题，可以通过创新施肥方法、使用新型肥料、运筹施肥时间、改变施肥技术，还可通过调整耕作制度，如现在全国已经大量实行的轮作休耕制度，来进行化肥减量（汪洋，2007）。如水稻田冬季改种绿肥，夏季水稻不施肥也可以达到正常施肥时产量的90%，仅损失10%左右的产量；如果在这个基础上使用正常施肥量的30%～50%，可以获得跟普通农民一样的产量，甚至可以提高5%～10%的产量（杨林章，2018）。

2. 过程控制技术

通过建设农田面源污染在"农田－沟渠塘－河道"输移过程中的多重拦截技术，实现农田面源污染负荷的再次削减（李红娜等，2015）。目前，在高标准农田建设中，沟渠都是水泥筑成，污水离开农田很快便流到河湖水系，沟渠发挥不了任何生态功能。多重拦截技术将原有的土质沟渠进行生态化改造，建成具有拦截、净化污染物的生态沟渠。农田污染多重生态拦截系统至少有两个功能：一是减缓流速，延长农田排水在沟渠的停留时间；二是可以通过植物吸收和微生物活动，把一部分氮磷有效利用掉，或者拦截在陆地生态系统中（杨林章，2018）。这种拦截系统具有不需额外占用耕地、资金投入少、农民易于接受、高效阻控农田面源污染物排放等特点。在太湖流域和滇池流域等地多年的监测表明，生态拦截系统对稻田径流排水中氮磷的平均去除率可达48%～60%和40%～64%；对设施菜地夏季揭棚期径流氮排放的平均拦截率为48%；耦合"厌氧－兼性－好氧"强化处理的生态沟渠对径流总磷和总氮的去除率可分别达81%和79%（杨林章，2018）。

3. 养分再利用技术

通过构建氮磷元素的农田回用技术，实现区域农田面源污染负荷总量削减与资源利用的结合。在氮磷进入环境之前将其回用到陆地生态系统当中，既成为可利用资源，同时又能减轻环境压力。环境养分回用有多种途径，如沼液回用、大量农田排水的汇水回用、生活污水处理后的尾水回用。在太湖流域，利用稻田对农村生活污水进行直接回用，约可替代化肥50%，既减少生活污水的直接排水，也减少农田化肥的投入，减少氮磷向水体的排放（李海鹏，2007）。

4. 水环境修复技术

通过创建以生态浮床为主的农田汇水区生态修复技术，实现农田面源污染的终端削减与生态系统修复的结合。水环境修复技术包括生态浮床修复技术和水生植物恢复技术，它们组成农田面源污染治理的最后一道屏障（马继侠等，2009）。应用结果表明，采用生态浮床修复技术后，水体中铵态氮、总氮和总碳最高降低 69.9%、80.7% 和 63.5%；浮床区域水体中的铵态氮、总磷分别较区外平均降低 19.1% 和 22.3%，均达到地表水 IV 类水标准，生态系统功能得到了一定程度的恢复（杨林章，2018）。而且生态浮床水稻还能产生一定的经济效益，补偿一部分污染治理的投资成本，水稻产量每亩[①]可高达 450kg。每 1000m² 浮床水稻可吸收带走总氮 35kg 左右、总磷 15kg 左右，水体透明度与水生生物多样性提高，水质有所改善（杨林章，2018）。

1.3　生态农业

1.3.1　生态农业概念与内涵

美国密苏里大学土壤学家 Ablerche 于 1970 年首次提出"生态农业"一词，他认为可以利用畜牧业的粪便给农作物施肥及作物轮作等方式让农业内部形成自我循环，以达到减少农业能量投入的效果，主张少施或不施用化肥和化学农药，将有利于提高农作物的营养含量，良好的土壤腐殖质是生产健康农作物的条件之一（李倩玮，2016）。此后，英国农学家 Worthington 在此基础上发展并充实生态农业的内涵，将生态农业定义为"生态上能自我维持，低输入，经济上有生命力，在环境、伦理和审美方面可接受的小型农业"。在我国，"生态农业"的概念是 1982 年在宁夏银川召开的全国农业生态经济学术讨论会上提出来的。叶谦吉（1982）认为生态农业是作为一种现代化的农业发展模式，应以生态学和生态经济学原理为基础，综合运用现代管理手段和先进的科学技术手段作用于传统农业，以期获得较高的社会效益、经济效益和生态效益。李文祥等（2001）概括了生态农业的内涵：

（1）是一个宏观的农业生态系统，是一种从整体来设计和管理农业的农业生态系统。

（2）在这一系统内，人口、资源、环境和发展四者之间是一个相互依存、相互促进的整体，是一个有机联系的、有序的、动态的开放系统，其系统功能是通过组成系统的各个部分结合起来形成的，即实现社会、经济和生态三个效益的统一。

----

①1 亩≈666.67m²，下同。

（3）充分有效地利用太阳能，构建良性的能流、物流、价值流、信息流过程。在能流、物流过程中，强调物质的充分利用和在每个环节上的增值。

（4）以协调人与自然的关系为指导思想，强调人与自然是一个整体，以生态学和生物学的原理，实现农业的自我维持和持续发展，减少污染，通过低投入来提高资源利用率，特别是土地资源和化肥利用率，减少对不可更新资源的依赖。

（5）以人为本，提高人的生活质量，改善自然环境和社会环境，着重提高系统内的生产力稳定性、持续性和均衡性。

中国生态农业是在中国国情下提出与发展起来的，与发达国家的生态农业相比较而言，具有以下内涵特征（翟勇，2006）：

（1）追求的目标是生态、经济与社会三大效益的高度统一。发达国家的生态农业基本上是以追求生态环境效益为第一目的，它们基本上不存在农产品的短缺问题，关注的只是农产品品质与安全，近年来更加注重农业的环境效益和公益性。而中国生态农业既要面对资源环境的严峻压力，又要稳定地解决人民群众的基本生活需求与可持续发展问题。这在世界上是绝无仅有的实验，不可能照搬国外的经验与模式，也无现成的道路可循，只有根据中国自己的实际情况，借鉴国外生态农业的先进理念与做法，才能实现生态、经济和社会效益相统一的目标。

（2）中国生态农业具有自己独特的理论基础。中国生态农业是以生态学为主导的学科群原理指导下的新兴农业生产体系。这些学科主要包括五大学科群：生态学学科群、农业经济学学科群、农学学科群、资源环境科学学科群和工程学学科群。中国生态农业追求生态、经济与社会效益的高度统一，整体上不可能简单地仅仅以一两种科学理论为指导。在实践中应当发挥多学科结合与交叉的优势，切实推进中国生态农业的健康发展。

（3）中国生态农业的主要内容。其包括农业生态经济系统结构优化体系，农业清洁生产技术体系，物质能量多级循环利用体系，科学设计、管理与评价体系。四大体系中，建立农业生态经济系统结构优化体系是实现中国生态农业的前提与基础，推进农业清洁生产技术体系与物质能量多级循环利用体系建设，是实现中国生态农业的中心内容，科学管理与评价体系是中国生态农业的重要保障。

（4）实现中国生态农业新型生产体系的途径是农业生态经济系统的良性循环与发展。其支撑的核心技术包括：产地环境建设技术、污染要素的全程控制与清洁生产技术、食物链组装与生态农业产业链构建技术、废弃物最小化与循环利用技术、投入物料的精准化与节本增效技术、高效管理与评价技术等。

1.3.2　生态农业的特征

生态农业是遵循生态学理论发展起来的一种既不同于现代工业式农业，也不同于传统农业的新型生产体系。生态农业具有以下基本特点（杨轶，2012；焦佳美，2015）。

1. 可持续发展

现代农业的发展追求实现自然资源、农业经济和社会效益的最大化，同时确保农业生产的安全性和对人类健康的保障，实现可持续发展。在生产方面，重视保持农业生产内部循环的良性运转，同时考虑到对外部相关农业、工业和服务行业的正常运作，以确保整个系统功能的稳定和持续发展；在生产结构上，现代农业更强调多层次、精细化的生产方式，展现出与相关产业相互融合的复合特性；在生产效益方面，必须突显出生态农业的经济效益，这是确保生态农业不缺乏重要支撑的关键。然而，经济效益的实现必须以平衡农业生态和社会效益为前提。同时，需重视充分发挥资源和自然环境的潜力，特别是对不可再生资源进行有效循环利用。因此，生态农业被视为一种可持续发展的农业模式。

2. 有机生态

生态农业着重强调内部资源和能源的有效利用，力求减少对外部投入的依赖，提倡增加有机物的使用。强调在农业生产过程中不使用化学肥料、农药、生长调节剂等化学物质，而是采用有机肥料、生物防治等技术来维持土壤肥力、防治病虫害，保持农业生态系统的平衡和稳定，以减少外来化学物质对生态环境造成的污染和破坏。同时，有机农业注重自然调控和生物循环，强调对生态环境的保护和改善。

3. 高效产业化经营

农业经济面临着生产规模小、分散化程度高的挑战，这使其难以完全适应市场经济的发展需求。随着市场经济的迅速发展，小农经济的碎片化发展模式与市场需求之间的矛盾日益突出。因此，推动高效农业的产业化经营模式成了生态农业发展的重要方向和趋势。生态农业产业化的核心在于以市场需求为引导，以促进人与自然和谐发展为目标，充分依托当地的生态资源优势，通过区域化战略布局、专业化规模生产建设、系列化生产加工以及经济管理一体化等手段进行优化调整。这一发展模式旨在探索符合中国国情，促进农业、经济、社会和环境协调发展的现代生态农业路径。

4. 具有明显区域特色

生态农业展现明显的区域特色，主要体现在产业结构、生态格局、功能及其发展模式上。在生态农业建设过程中，需综合考虑气候、资源、交通、生产与消费能力、消费观念等因素，因地制宜地规划市级、县级生态区域模式。中国地域广阔，东西南北环境差异显著，各地根据实际情况进行了有效的探索和尝试。特别是生态农业因地域差异呈现出不同的生态模式、功能和结构。各地充分利用社会和自然资源，通过合理设计，初步探索了生态农业的新模式。比如，华北地区的"四位一体"[可再生能源（沼气、太阳能）、种植业（大棚蔬菜）、养殖业（日光温室养猪）和生活（厕所）]、南方地区的"三位一体"（养殖—沼气—种植）、西北地区的庭院配套（庭院、果树、沼气、猪、食用菌或蔬菜）、海南的胶林养鸡等生态农业新模式，虽不可盲目套用，但其创新思路和模式值得借鉴。辽宁省西安生态养殖场根据本地农业特点和区位优势，在"四位一体"模式基础上发展了"三步净化，四步利用"的新生态农业模式，将水葫芦池、细绿萍池、鱼蚌混养池和水稻田结合在一起，对猪粪尿进行分段净化、处理与利用，结合农业种植和水产养殖，逐步净化和利用，取得了良好的生态和社会效益。

5. 经济效益、社会效益和环境效益协调发展

生态农业的提出旨在协调农业的经济、社会和环境效益，缓解农业生产与自然资源、人类之间的矛盾。它的目标是优化农民的经济收益，增进社会综合效益，并促进人类与环境的和谐发展，从而推动农业和农村的进步。生态农业建设不仅是现代农业发展的创新和战略抉择，更是我国农业可持续发展战略的体现。简而言之，生态农业旨在实现经济、社会和环境效益的协调发展。

6. 系统整体性

我国推崇的生态农业不仅仅是小规模农业系统，而是一个包含多种种植、养殖、繁育等农业及其配套服务设施的综合经营体系。生态农业的核心目标是在有限的土地上充分发挥生态系统的功能，实现生态环境、物质产出和综合社会效益的最大化。为了达到这个目标，我们需要根据不同地区的生态环境、土地资源和生态资源合理规划和布局。简而言之，现代生态农业主要包含两个方面：一方面是适度搭配种植业、养殖业等，以实现生态效益的最大化，充分发挥整体生态农业的功能；另一方面，生态农业的范畴更广泛，不仅仅涉及农村、农民、农业，而是广泛涉及与农业相关的系统整体，从农业生产到工业生产再到农工业的配套服务设施等。在生态农业的发展过程中，政府需要通过政策支持和扶持来提升其软实力。这样可以在充分发展农业经济的同时，实现农业的生态化、经济效益化以及社会综合效益的最大化（贺瑞敏等，2005）。

1.3.3 生态农业模式

生态农业模式是指在特定的时空条件下，在生态农业实践中形成的、在相似条件下具有推广价值和借鉴意义的、具有优化结构与稳定功能的若干生产要素的合理组合形式。生态农业模式是各组成要素在整个系统网络中的地位和相互循环关系的具体表达；它可以看成是物质、能量、信息等要素在空间、时间和数量方面的最佳组合和选择，也可以看成是某宏观区域内实现农业可持续发展的农业生态经济动态模型，该模型可作为样板进行借鉴或推广；它是用于发展农业生产的各种要素（包括自然、社会经济技术因素等）的最佳组合方式，是具有一定结构、功能、效益的实体，是资源永续利用的具体方式；生态农业模式就是一项系统工程，是实现生态农业系统功能的技术手段；它是生态学和经济学原理在开展生态农业建设过程中的具体运用（骆世明，1995）。骆世明（1995）指出生态农业模式的一般内涵，即在生态农业建设中，能兼顾考虑农业的社会效益、经济效益和生态效益，并在实践中表现稳定且具有较强的可操作性的系统或单元（李倩玮，2016）。

我国生态农业发展模式非常丰富的，将地理条件作为分类标准可以将生态农业发展模式分为平原型、山区型、丘陵型、水域型、草原型、庭院型、沿海型、城郊型；当以主产品或主要产业类型作为分类标准时，则可以将生态农业发展模式划分为综合型和专业型两种，对两种类型进行细化，又可以将综合型分为农林牧副渔综合发展型、农渔型、农副型等，而专业型则可分为粮食种植户型、蔬菜种植户型、菌类培植户型、畜禽养殖户型、水产养殖户型等。将生态农业建设的区域规模和行政级别作为划分标准，可以将生态农业模式分为生态农业市、生态农业县、生态农业园区、生态农业乡、生态农业村、生态农业户等。生产实践中，与建设生态农业的特定区域的实际相结合，因地制宜地进行划分。以下是对我国生态农业发展过程中出现的较为常见的发展模式的介绍，并对我国现代生态农业发展模式现状进行说明。以下几个类型为常见的生态农业发展模式（杨轶，2012）。

1. 景观层次的农业土地利用布局——景观模式

该模式利用生态系统中不同海拔地带、不同空间环境组分的差异和不同生物种群适应性的特点，合理布局空间立体结构，充分利用生态系统中的整合效应。

模拟自然生态系统原理进行生产的方式，是在半人工或人工环境下，进行立体种植、立体种养或立体养殖。它巧妙地组成农业生态系统的时空结构，建立立体种植与养殖业的格局，利用有限的空间资源组成各类生物间共生互利的关系，合理利用空间资源，同时采用物质和能量的多层次转化手段。为避免生态系统中重金属污染物或有害物质进入，要进行生物综合防治，少用农药，充分利用能量，促使物质循环再生。"桑基鱼塘"模式是我国劳动人民认识和改造自然的代表性杰作。它集种植、养殖于一体，将生态环境整治与利用、生态位拓展、废弃物循环利用等生态学与传统农艺学技术结合在一起，既达到改造和利用自然的目的，又取得生产与生态双丰收，值得在今后模式创新中借鉴。四川省的"山顶松柏戴帽，山间果竹缠腰，山下水稻鱼跃，田埂种桑放哨"，广东省的"山顶种树种草，山腰种茶种药，山下养鱼放牧"等模式，都是很好的山坡地综合利用生态农业模式。

2. 生态系统层面的农业生态系统——循环模式

该循环模式是一种按照生态系统中能量流动和物质循环的规律而设计的良性循环的农业生态系统，在这类系统中，一个生产环节的产出（如排出废弃物）也是另一个生产环节的投入，在生产过程中使得各种废弃物得到再次、多次和循环利用，从而使资源利用率提高，并有效地减少了废弃物污染。依据系统中生产结构的物质循环方式，可分为以下几种类型：一是种植业中物质循环类型，其结构相对简单，它主要是指生产体系中的物质多级循环利用，其生产体系包括在林业、作物及食用菌等方面；二是养殖业中物质循环类型，它主要是把家禽生产中的粪便，作为畜牧生产中的饲料，而某些特种培养动物的营养材料是以畜牧生产的废弃物生产的，从而扩大其种群，同时家禽的高级蛋白饲料是利用这些特种培养动物做成，从而建立了废物利用的良性循环；三是种、养业结合的物质循环利用类型，与上述两种类型相比，这种类型的循环不局限于养殖业或种植业内部，而且还在这两者之间进行较为复杂的循环，该类型根据种植作物或养殖动物的种类、营养级数可划分为若干模式；除此以外，还有一种利用物质循环类型，它是以种、养、加工三者结合的，该类型在第三种类型的基础上增加了加工业，同时紧密地与养殖业和种植业联系起来，经过加工养殖业和种植业的产品，使经济效益得到进一步提高，而且能进一步循环利用加工过程中产生的各种废弃物，从而增加系统组分结构的复杂性，保证了资源的充分利用。

3. 群落层面的生物种群结构——立体模式

该模式是一种根据各生物类群的生物学、生态学特性和生物之间的互利共生关系而合理组合的生态农业系统。该系统能使位于不同生态位的各类生物在系统中互惠互利，各得其所，使得太阳能、矿物质营养、水分得到充分利用。建立一个群落结构，其特点是在空间上多层次、时间上多序列，从而使产出生物产品和资源的利用率得到提高，进而使经济效益和生态效益得到提高。系统光能利用率和土地生产率的提高，物质生产的增加是通过充分利用时空资源，共生互利的立体种养模式来实现的，我国普遍存在这种生态农业类型，而且数量很多，此类农业生态系统划分为各种类型和模式，是以生物的类型、环境差异和生物因子的数量等为依据的。中国传统的青鱼、草鱼、鲢鱼和鳙鱼混合放养模式，则是利用不同鱼生活在不同水层的习性进行分层放养的水体立体利用模式。农田中高矮作物、耐阴与喜阳作物的间套复种，以及在高秆作物下养殖鹅鸭、培植食用菌等，就是充分利用立体空间，合理搭配，使不同组分各得其所、地尽其利的生态农业模式。农林（草）复合系统也可以看作是这类模式的一个例子，果粮间作、林草间作、枣粮间作、桐粮间作等都是根据系统中不同生态位的多样化和互补互利的原理建立的立体开发利用模式。

4. 个体与基因层面的动植物品种选择——品种搭配模式

品种搭配模式是以细胞工程和酶工程为基础，以基因工程综合利用组建的农业工程。该模式有效地结合动植物品种的搭配，利用已有的生物资源的生态农业所具有的特征。品种搭配模式的本质是通过微生物资源的利用有效地保护生态环境。作为尚未被人类充分开发利用的地球上两大生物资源之一的微生物资源，有着较为广阔的应用前景。该模式与传统农业相比，其基本形态和生产模式都截然不同，该模式的应用主要依靠人工能源，因而不受气象和季节的限制。品种搭配模式其本质是发展微生物工程科学，创建节土、节水、不污染环境，以及资源可循环利用的发展模式。该模式的建立是以个体与基因层面的动植物品种选择为基础的。

1.3.4　生态农业与农田面源污染防治

生态农业是中国农业可持续发展的必由之路，是实现中国面源污染减排最重要的通道（杨轶，2012）。生态农业在面源污染减排方面具有重要作用：第一，生态农业特别重视地力维持，也就是注重提高土壤的养分供应能力和维护土壤健康。最重要的渠道就是利用腐熟的有机肥，其能够改善土壤结构，提高土壤供肥能力，优化肥料代谢与转化的微环境，使得土壤养分的利用效率显著提高、化肥使用需求量和有害物质产量显著降低。第二，生态农业非常重视物质循环利用。农田废弃物和畜禽养殖废弃物被合理利用之后，不仅不会形成污染，还能够优化生产系统，提高生产效率（焦佳美，2015）。第三，生态农业强调提高农业生态系统的多样性，通过禾豆间作，不仅可以提高肥效，还可以减少病虫害。此外，生物多样性的增加有利于生物防治和有害生物综合治理。第四，生态农业利用系统多因子偶合，能显著地提高生产综合效益，促进农民增收，增强农业和农村自我发展能力（朱万斌等，2007）。

生态农业是既能确保农民增收、农村发展，又能有效控制、减少环境污染的根本途径。生态农业生产过程中各个生产环节的废弃物，都要参与到下一个生产环节的物质循环中，直接进入环境的农业废弃物很少；采用科学配方施肥，且以有机肥为主，不易随水流失进入水环境；生态农业的集约化程度较高，种、养、加工、旅游相结合，设施较完备，氮、磷等元素不易流失（李晓莲和杨怀钦，2013）。应用测土配方施肥体系，建立氮、磷、钾等养分平衡的优化施肥模式；结合当地土壤肥力情况，调整施肥结构和施肥方式，实现农田养分科学管理，能促进植物对土壤中各种养分的均衡吸收，减少氮磷流失，可很好地从源头控制农田的养分流失（王静等，2011）。应用缓控释肥后，可以提高肥料利用率，减少化肥施用量，提高作物产量和生产效益。采取农艺措施秸秆覆盖能显著减少地表径流，其减少养分流失和增加产量的效果均优于地膜覆盖。控制灌排种植模式较普通灌排模式可节水、增产、显著减少氮磷排放（Wesström and Messing，2007；高焕芝等，2009）。因此，发展生态农业不仅能有效控制环境污染，增强生态系统可持续发展能力（李文祥等，2001），还能增加生态系统物质的产出，丰富农产品市场供应（李晓莲和杨怀钦，2013）。

推行中国生态农业建设具体措施有：①站在全球生态环境保护的高度看待中国生态农业，积极宣传、正确导向、扎实推进中国生态农业发展。要充分认识到，在中国面源污染减排和保障农业可持续发展的道路上，生态农业是最佳选择。②建立生态农业模式评估和补偿体系。要承认对生态县（区）和生态农场（户）在生态环境保护上作出的贡献，在对其生态环境效益评估的基础上，适当作出补偿或补贴。③积极建立农产品分级市场，为生态县（区）和生态农场（户），实现优质产品的高附加价值提供畅通渠道。科学合理的农产品分级市场还将推动生态农业升级，促进农业产业化、农民专业化，推动农村经合组织建设。④分类别建立中国生态农业标准，依据标准集成典型模式。认真总结、科学集成，针对不同类型和地域生产特征，重点推广一批典型的中国生态农业模式（朱万斌等，2007）。

1.4　面向农田面源污染防治的生态农业总体技术模式

生态农业是在经济与环境协调发展的指导思想下、在总结和吸取各种农业实践的成功经验的基础上，根据生态学原理，应用现代科学技术方法建立和发展起来的一种多层次、多结构、多功能的集约经营管理的综合农业生产体系。生态农业重视农村生态环境建设，通过大量植树造林，防止水土流失和荒漠化，改善生态环境，使农业生产有一个良性循环的生态系统。因此，生态农业是一种持续发展的农业模式，是生态系统的基本原理在农业生产系统的应用。生态农业技术使物质在系统内多次循环、废物产生最小化，因此能减少农田面源污染，是一条保护环境的有效途径。1993年，农业部、国家计划委员会、财政部、国家科学技术委员会、水利部、国家环境保护局和林业部联合组织开展全国51个生态农业试点县建设。在此基础上，七部委局于2000年在全国又启动了第2批50个生态农业示范县建设。经过十几年的发展，中国开展生态农业建设的县、乡、村已达到2000多个，其中生态农业县300多个，取得了显著的经济效益、环境效益、社会效益。生态农业建设有效地提高了我国土地的利用率，明显地改善了我国农业的生态环境，减轻了农田面源污染（马继侠等，2009）。

为实践与推广生态农业技术及模式，在广州市增城区丝苗米省级现代农业产业园（简称丝苗米产业园）实施广东省首个面源污染防控–生态农业示范建设项目（简称生态农业示范建设项目），项目覆盖农田面积约677亩，建设的生态元素包括稻渔综合种养系统、生态田埂、生态道路、生态沟渠、田间小型生态净化塘、生态净化塘和人工湿地、生态廊道和病虫害生态防控系统。这些生态元素分布在示范区的不同部位，与附近的农田、沟渠等组成面源污染生态防控体系，构成"源头减量–过程阻控–末端净化与养分再利用–生物多样性保护和提升"等生态农业技术模式（图1-1）。本书将结合工程案例，具体介绍以上生态农业技术模式的应用与实践。

1. 模式1：源头减量

建立综合种养系统，采用"稻鲤共作""稻鸭共作""稻虾共作"等多元立体种养模式，优化养分和水分管理过程，测土配方，秸秆还田，利用有机肥替代化肥，减少肥料投入，提高养分利用效率，实施节水灌溉和径流控制，从源头上减少农业面源污染。

图 1-1　增城生态农业示范建设项目总体技术模式

2. 模式 2：过程阻控

建设生态田埂，栽植固土植物，减少农田地表径流，有效阻截氮磷养分流失和控制残留农药向水体迁移；建设生态沟渠和田间小型生态净化塘，铺设基质、生态多孔砖，栽植高效吸纳氮磷的植物，在农田排水进入主要河道前对其进行拦截。

3. 模式 3：末端净化与养分再利用

建设生态净化塘，添加靶向微生物增效基质，栽植高效吸纳氮磷的经济型水生植物，提高池塘系统自净化效率，利用生态浮床、小型生态净化塘、湿地和沉水植物等多种修复技术对面源污水的输移路径进行水生生态修复，提高其自净能力；生态净化塘中的面源污水在干旱季节还可以提供抗旱水源，其中的氮磷等营养物再度进入农作物生产系统，为农作物提供营养，达到循环再利用的目的。

4. 模式 4：生物多样性保护和提升

建设生态道路，对田间道路进行生态化提升，减少土壤封闭性，提高生态服务功能；建设生态廊道，通过植物带等把间隔的环境串联起来，实现农田生境的完整性和连通性；建设病虫害生态防控系统，搭建太阳能水杀式除虫灯，栽植驱虫性植物，减少化肥农药使用；搭建动物巢穴等庇护所，营建动物家园，保护农田动植物，提升生物多样性。

以上技术将在流程上多维衔接、时空上全域覆盖，使氮磷减排与资源利用结合，对原有农田设施进行优化提质，将现有农田生态化，提升农产品质量，增加当地农民收入，保护农田环境安全，打造生态农业示范区，实现农业发展与环境保护双赢，带动当地绿色生态农业发展。

第 2 章　稻渔综合种养系统源头减量模式

2.1　源头减量模式简介

稻渔复合共生生态种养模式是指在同一块稻田中,在进行水稻生产的同时,利用稻田湿地资源发展鱼、鸭、虾等的养殖,从而实现对空间生态位的充分利用,既能有效地防控稻田病虫草害,又可以使稻田经济效益最大化(徐建欣等,2018)。构建稻渔共生轮作互促系统,通过规模化开发、产业化经营、标准化生产、品牌化运作,能实现水稻稳产、水产品产量增加、经济效益提高、农药化肥施用量显著减少的目的,是一种具有稳粮、促渔、提质、增效、环保等多种功能的生态循环农业发展模式。

2.2　稻鲤综合种养模式

广州市增城区丝苗米省级现代农业产业园位于广州市增城区朱村街道龙岗村和龙新村等区域(图 2-1),自 2019 年开始营建,其中龙岗千亩立体种养示范区一期工程(图 2-2)采用稻鲤综合种养系、有机肥替代化肥和 5G 智慧无人农场技术来减少农业面源污染。

2.2.1　共生田建设

广州市增城区丝苗米省级现代农业产业园位于珠江三角洲平原与周边丘陵地带交界处,地势平坦,坡度小,附近有吊钟水库等水源,水量充足、水质清新无污染,排灌方便、雨季不涝;土质肥沃疏松、腐殖质丰富,呈酸性,耕作层约为20cm,适合作为共生田。以 8～30 亩为一块,大小根据地形而定。按《稻田养鱼技术规范》(SC/T 1009—2006)的规定,沿稻田四周开设“回”字形养殖沟(上口宽 2.0m,下口宽 1.5m、沟深 0.7～0.8m),作为禾花鲤生活与休息的场所(图2-3)。在较小的田块,考虑到开挖面不超过农田面积10%的相关规定,回字形养殖沟占地面积较大,无法满足,在部分田块开设了 Z 形、L 形或者 E 形的养殖沟,在保证稻鱼养殖功能的同时,符合《稻田养鱼技术规范》的规定。

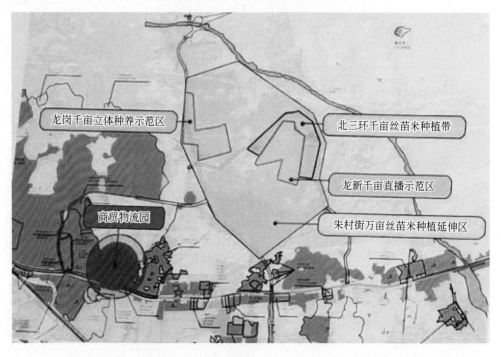

图2-1 广州市增城区丝苗米省级现代农业产业园规划图

图2-2 龙岗千亩立体种养示范区一期工程（红线内）

在养殖沟内移植适量挺水植物如荷花、睡莲等，水面移植适量浮藻，水底移植伊乐藻、轮叶黑藻等沉水水草，覆盖面积不宜超过水面的1/3，可以在水稻尚未长高时为鱼苗提供荫凉和躲避捕食者的地方。

在稻田地势高的位置设置进水口，在地势低处设置出水口，进排水口大小根据稻田排水量而定。在进排水口处安装拦鱼栅，防止鱼逃走和野杂鱼、敌害生物等进入养鱼稻田。

利用开设养殖沟挖出的土方在插秧区与环沟之间建造一个深0.3m、下边长

0.8m、上边长 0.5m 的梯形田埂（为了与沟外面的田埂区分，称为内田基），便于工作人员投放饵料及检查田间情况，亦便于分别控制稻田与养殖沟内的水位，防止水稻生长期施肥过程流失肥料。田埂和养殖沟两侧种植香根草、美人蕉等植物，可以起到护坡稳坡等作用（图 2-4）。

图 2-3　典型稻鲤综合种养系统效果图

图 2-4　养殖沟和种植香根草的田埂

2.2.2　苗种选择及放养

打地前，每亩田泼洒 10kg 茶麸于田面，打地时，将茶麸打到泥浆里，使得泥浆里的福寿螺等螺类死亡，同时使得田面和环沟内的野杂鱼死亡。水稻品种采用起源于增城的丝苗米，鱼的品种选取禾花鲤。水稻采用无人机直播的方式播种（图 2-5）。3 月中下旬或者 7 月中下旬直播稻种，在播种 1 个月、秧苗长到 15cm 后，放养 20 ~ 40 尾 /kg 的禾花鲤鱼种，放养鱼种数量为每亩 250 尾。

图 2-5　无人机直播作业

2.2.3　饵料投喂

正常情况下，按"四定"（定时、定质、定量、定点）投饵法投喂饵料，日投饵量为鱼体重量的 2% ~ 3%，遵循"三看"（看鱼、看水、看天）原则，并根据实际情况灵活调整；在天气闷热或天气骤变、气温过低时，要减少或暂停投饵。在养殖沟架设增氧系统，当天气不好、水体溶解氧过低时，可以通过船型增氧系统增加水体氧气（图 2-6）。

2.2.4　施肥

为维护农田生态系统、减少化肥的使用量、降低农业面源污染，丝苗米产业园主要使用有机肥。在打田之前将有机肥均匀地铺撒在农田上（图 2-7 和图 2-8），

图 2-6　船型增氧系统

图 2-7　稻田施用有机肥

图 2-8　秸秆还田和有机肥铺撒

然后用旋耕机将有机肥和秸秆打进田中，再进行播种。

2.2.5　水分管理

从禾苗上面往下看，至两行禾苗之间看不到泥后开始晒田，直到地面裂开 2cm 宽的裂缝再进水。如果是阴雨天气，则在田面挖开水沟，直到踩上去没有看到明显的鞋印再进水。在水稻开花时期，浅水浸过田面泥土。其余时间需要保持田面水深达 20cm 以上，保证禾花鲤能自由进出田面吃食害虫和稻花。坚持每天早晚巡查，主要观察水色、水位和鱼的活动情况，及时加注新水。

2.2.6　防治病害

投放鱼苗前，可用生石灰和二氧化氯等对田块进行消毒。购买的苗种投放前可使用 3%～5% 的食盐或按说明使用高锰酸钾溶液等进行浸浴消毒。

使用物理生化方法或低度安全的农药进行水稻病害防治。在稻田田埂上安装太阳能杀虫灯（图 2-9），减少农药施用量。防治水稻分三个时期：插秧前，喷一次送嫁药，主要预防稻瘟病、稻飞虱、螟虫等。分蘖盛期和破口期要特别注意进入田中观察，可以喷药预防钻蛀性螟虫、卷叶螟、跗线螨、细条病、纹枯病。稻田养鱼的水稻一般不会发生稻飞虱，因为稻飞虱幼虫会被禾花鲤吃掉。

2.2.7　捕捞和收割

收割水稻前一周干田捕捞禾花鲤，一周后收割水稻。收割完水稻后，及时深耕田面，曝晒，为下一个人造稻田养鱼做准备。为了减少人工，龙岗千亩立体种养示范区采用无人驾驶联合收割机进行丝苗米收割（图 2-9）。

图 2-9　太阳能杀虫灯和无人驾驶联合收割机在作业

2.2.8　稻鲤综合种养的效益

1. 经济效益

在龙岗千亩立体种养示范区，稻渔综合种养比单种水稻亩均效益增加 90.0% 以上，亩平均增加产值 524.76 元。

2. 生态效益

稻鲤综合种养平均可减少 50.0% 以上的化肥和农药使用量。研究表明稻田中鱼等能大量摄食蚊子幼虫和钉螺等，可有效减少疟疾和血吸虫病等重大传染病的发生，稻田中禾花鲤摄食可有效减少杂草的滋生，可有效节省人力并减少农药的使用。同时，采用稻鲤综合种养模式的稻田其温室气体排放也大大减少，甲烷排放降低 7.3% ~ 27.2%，二氧化碳排放降低了 5.9% ~ 12.5%。

2.3　稻鸭综合种养模式

　　"稻鸭共生"是我国生态农业的重要模式。以鸭子捕食害虫代替农药、以鸭子采食杂草代替除草剂、以鸭子粪便作为有机肥料代替化肥、以鸭子不间断的活动产生中耕浑水效果来刺激水稻生长，实现以田养鸭，以鸭促稻，以鸭护稻，使鸭和水稻共栖生长。增城生态农业示范建设项目在龙岗千亩立体种养示范区建设了一处稻鸭综合种养系统（图 2-10）。

图 2-10　典型稻鸭综合种养系统效果图

2.3.1　养鸭设施改造

　　稻鸭共作区在田埂旁边搭建鸭舍，稻田每 0.5hm^2 左右为 1 个小区，每个小区搭建 1 个鸭舍，每个鸭舍面积为 30 ~ 40m^2，可容纳 100 ~ 120 只役鸭。将鸭舍的地基加高到与田埂相当，四角用立柱，上架 2 根横梁（高度 120cm 左右），上盖石棉瓦或塑料编织袋，四周围网，地上铺干稻草。鸭舍立柱周围放置 U 形食槽，盛放鸭饲料。大田围栏围网选用 4cm × 4cm 网眼的钢丝网，高度为 100 ~ 120cm。

2.3.2　共生鸭的饲养

　　放养品种为麻鸭或者白鸭，放养密度为 200 ~ 300 只 /hm^2，选用 10 ~ 13 日龄雏鸭。每茬水稻在插秧 10d 后或者直播后 15d 放鸭下水，鸭群全体在稻田觅食，直到禾苗开始抽穗灌浆时才赶鸭上田。

1 ~ 30 日龄鸭苗采用自由采食的方式充分供给全价饲料，31 ~ 60 日龄鸭苗每天每只补喂饲料 30 ~ 50g，61 ~ 90 日龄鸭苗每天每只补喂饲料 80 ~ 100g。

2.3.3　稻鸭综合种养的效益

由于"稻–鱼–鸭"共生模式的水稻种植密度较小，稻瘟病及纹枯病发生很轻，加之共生鸭能大量摄食田间稻螟、蝗虫、稻飞虱，因此一般情况下不需要对水稻病虫害进行特别防治。

1. "稻鸭共作"技术对土壤肥力的影响

水稻收获后，采集土样测试结果表明：土壤养分稻鸭共作区较常规种植区有明显增加，土壤有机质、全氮、有效磷、速效钾分别增加37.4%、9.9%、10.9%、9.1%，特别是土壤有机质的增加差异达极显著水平。同时稻鸭共作区土壤理化性状较常规种植区土壤容重下降 2.2%、pH 增加 4.8%，更趋于中性合理。说明"稻鸭共作"技术，实施役鸭放养活动，通过饲料喂养和田间取食的动植物产生的粪便还田累积，有利于降低土壤容重，疏松土壤通气，提高土壤肥力。

2. "稻鸭共作"技术对病虫草控制效果

稻鸭共作区较常规种植区的控草、控病、控虫效果显著。主要原因是役鸭在田间生长持续活动，一是可以取食大量的杂草和害虫，杂草在水稻前期萌发或小苗期就被役鸭的活动取食控制无法生长，蝗虫、稻飞虱等害虫在卵孵高峰至幼虫期被取食，控制了发生基数；二是役鸭取食浑水利于刺激水稻生长，同时不利于病原菌的生存与繁殖，减少了纹枯病、稻瘟病等发生基数；三是不使用除草剂除草和化学农药防治病虫，创造了有利于天敌生存的自然农田生态系统，起到了役鸭和天敌自然控害的效果。本地主要草种中千金子、马唐等禾本科杂草控草效果达 95.1%，鸭舌草、陌上菜等阔叶杂草控草效果达 97.3%；在稻田 6 种主要杂草中水虱草、陌上菜、丁香蓼种群数量降低较快，鸭舌草、异型莎草次之，稗草最慢。稻鸭共作使稻田杂草群落的物种多样性持续降低，群落均匀度提高，群落相似性与稻鸭共作前相比逐年降低。说明稻鸭共作改变了田间杂草的群落结构，有利于限制杂草危害。随着稻鸭共作的连年进行，对田间杂草的控制效果逐渐上升，4 年后达 99% 以上。稻鸭共作是稻田替代化学除草的一种非常有效的生物、生态控草措施，具有显著的经济效益和生态效益。纹枯病、稻瘟病控病效果分别达 77.3%、63.5%；蝗虫、稻飞虱、稻纵卷叶螟控虫效果分别达 82.6%、66.4%、68.9%。

3. "稻鸭共作"技术对水稻产量品质的影响

水稻成熟期穗粒结构考察结果分析表明稻鸭共作区与常规种植区相比形成的产量差异不明显，每亩仅减少 7.9kg。主要原因是在水稻分蘖期由于役鸭的田间活动，对水稻的部分小分蘖造成踩踏，抑制生长，影响成穗，每亩有效穗数减少了 1.9 万穗。但役鸭的田间活动对水稻有较强的碰撞和刺激作用，增强基部通风透光，减轻了病虫草害的发生危害，同时产生的粪便还田，增加了土壤有机质，有利于形成壮秆大穗，减少空瘪率，能够显著地提高成穗率、结实率和千粒重。稻鸭共作区的稻谷米质优，糙米率、精米率均高于常规种植区，垩白率显著降低。

稻鸭共作区与常规种植区相比产量虽然略有下降，但生产的稻米绿色有机，市场收购价格高于常规种植区 0.4 元 /kg，生产成本减少了农药、化肥的使用，每亩可节本增效 300 元左右，同时役鸭出售，扣除成本，每亩又可增加收益约 200 元，稻鸭两项合计每亩纯收入可达 1477.7 元，较常规种植区 709 元增收 768.7 元，增幅达 108.4%。

2.4 稻虾综合种养模式

稻虾综合种养主要是利用稻田养殖小龙虾。稻虾综合种养模式具有稻虾互利共生、投资少、效益高、见效快等优势，有利于促进绿色农业发展等优势。稻虾综合种养模式大大减少了化肥的施用，为小龙虾生长和水稻生长，以及土壤微生物活动创造了良好的生态环境。在此模式中，小龙虾食用稻田里的杂草、虫卵和微生物，水稻吸收虾排泄物中的氮磷等营养元素，变废为宝，调节生态环境平衡，同时获得有机生态产品，稻虾共作模式显著降低了稻米的垩白率和垩白度，改善了稻米的外观品质，两者互利互惠达到提质增效的目的，农户不必在水稻施肥和病虫害防治方面过多使用化肥和农药，水稻、微生物、小龙虾生存条件的改变，使得农田生态环境得到良性发展。稻虾综合种养模式把传统的水稻和养虾两大产业有机结合起来，利用水稻和小龙虾的共生互利特点和生长发育对环境的要求，合理配置时空，解决种粮大户季节性抛荒问题，实现了粮渔结合，粮渔轮作，粮食增收，提高农田资源利用率，土地产出率和劳动生产率，增加农民的收入。稻虾综合种养模式具备环境友好型和资源节约型的独特优势，对小龙虾的养殖空间进行全面拓展，符合当前新时期农业可持续发展的宗旨。

2.4.1 稻虾田改造

生态农业示范建设项目在龙岗千亩立体种养示范区建设了稻虾综合种养示范 1 块，占地面积 12.8 亩，四周开挖"回"字形沟，在较长的两条养殖沟中间向田中间开挖一条养殖沟。养殖沟面宽 2.5m、底部宽 0.5m、深 1m。开挖养殖沟的泥土垒在靠田一侧建设内田埂并夯实、加高、加宽、加固，确保田埂高于田面 0.6 ～ 0.8m，顶部宽约 0.8m。在进排水口安装铁丝网或双层密网（20 目左右），外田埂上设置围栏，高 40 ～ 50cm，可用硬质钙塑板、石棉瓦或尼龙网片加硬质塑料薄膜作围栏材料；田块拐角处设置成圆弧形，以避免逃虾和控制天敌进入（图 2-11）。

图 2-11　稻虾综合种养系统示例

投放虾苗前 15d 左右进行干法消毒，每亩用生石灰 75kg 撒施，经 3 ～ 5d 晒沟后，灌入新水清除敌害生物及寄生虫等；或带水消毒，每亩以 1m 水深计算，用新鲜生石灰 125 ～ 150kg，把新鲜生石灰放在水中溶解后，全池均匀泼洒；或漂白粉消毒，将漂白粉溶化后全池泼洒，用量为每亩 7kg，漂白精用量减半。

养殖沟中沟底种植小龙虾喜食的苦草、轮叶黑藻、金鱼藻；养殖沟水草覆盖率保持在 50% 左右，品种保持在 2 种以上；部分沟底种植荷花以增加景观性，内田埂两侧、养殖沟两侧种植香根草护坡，在炎热的夏季也起到遮阴避暑的作用（图2-12）。小龙虾食性杂，尽管偏动物性，但在动物性饲料不足的情况下，也吃水草来充饥。小龙虾摄食的水草有冷季草（伊乐藻、水花生草），热季草（轮叶黑藻、苦草），凤眼莲和水浮莲等。水草同时是小龙虾的隐蔽、栖息的理想场所，也是小龙虾蜕皮的良好场所。在水草多的池塘养虾，成活率高。

图 2-12　稻虾综合种养系统实景

2.4.2　共生虾的饲养

种植一季水稻的稻虾综合种养模式的小龙虾苗种投放有两种模式。第一种模式是在5～6月份，水稻移栽后7～10d，待稻禾返青分蘖期投放幼虾，放种量一般每亩投放1cm以上的幼虾1万～2万尾，1/3虾苗投放到环形沟中，2/3虾苗投放到稻田中，由于小龙虾有较强的地盘性，均匀分布投放才能有效利用稻田的浅水环境。稻虾共生一段时间，待水稻收割前后，起捕达到上市规格的成虾，未达商品规格的小龙虾和经选留的部分亲虾，继续放养在稻田，养殖到来年的5～6月份全部起捕。第二种模式是在8月中旬以后投放亲虾或抱卵虾，待水稻收割后放水50～60cm，养殖到来年5～6月份起捕。

小龙虾的投喂遵循"定时、定质、定量、定点"四定原则和"看天气、看生长、看摄食"三看原则，合理进行饲料投喂和巡塘。小龙虾摄食一般在浅水区域，所以投喂地点需固定且均匀分布在虾稻田浅水处，方便小龙虾摄食。投喂量为稻田存虾重量的 1%～5%，冬天水温低于 12℃，小龙虾进入洞穴越冬，夏天水温高于 31℃，小龙虾进入洞穴避暑，这些阶段可不投或少投饲料，具体投喂量应根据小龙虾的摄食情况适当调整。

2.4.3 稻虾综合种养效益

1. 稻虾综合种养经济效益

稻虾共作与水稻单作的总生产成本相近，为 1.8 万～2.1 万元 /hm²，稻虾共作模式成本中占比重较高的是虾苗和饲料，水稻单作成本中占比重较高的是肥料和农药，稻虾共作模式肥料成本降低 79.5%，农药成本降低 50.0%。小龙虾产量 1500kg/hm² 左右，按规格不同，小龙虾收购价为 7.5～15 元 /kg，小龙虾收益为 4.5 万～9.0 万元 /hm²；水稻售价为 3.8 元 /kg，产量为 9t/hm²，产值达 3.42 万 /hm²；一年稻虾总产值达 7.5 万～12 万元 /hm²。

2. 稻虾综合种养对土壤的影响

稻虾共作适合在地下水位高的低湖田、落河田，要求养殖沟常年有水，且水资源充足。低湖田、涝渍地由于常年淹水、地下水位较高，往往造成稻田土壤次生潜育化，成为冷浸田、烂泥田。不同养虾年限的稻田土壤活性有机碳含量变化较大，其中易氧化态碳含量高于常规水稻单作田，水溶性有机碳含量则低于常规水稻单作田；稻虾共作还可以增加土壤营养物质，如全氮、全磷、全钾的含量，有效改善土壤肥力。其主要原因在于小龙虾在稻田的活动，如取食、排泄、打洞等，以及养虾对于土壤微生物群落和功能多样性的影响。稻虾共作对稻田土壤存在一些不良的影响，对地下水位不高的优质稻田土壤影响更为明显。

3. 稻虾综合种养对水资源的影响

传统稻田水分循环是开放式的，稻田保持一定水层，分蘖后期、成熟期排水晒田，平时水多即排、水少即灌，水分利用率不高；稻虾共作稻田养殖沟周年蓄水，与田面水沟通，整体储水功能增强，沟渠连通、排蓄结合，水分循环是封闭式的，水稻生产所需的排水和灌水主要来自养殖沟。地下水位高的低湖田、落河田实行稻田种养，水分利用率提高；地下水位低的灌溉稻田、丘陵岗地的垄田、山坳田实行稻田种养，有利于稻田蓄水、提高水分利用效率，一些丘陵地区采用稻虾共作，每公顷稻田蓄水量可增加 3000m³，大大增强了抗旱能力。

4. 稻虾综合种养对水质的影响

稻虾共作要求水体透明度在 30 ～ 40cm 左右，水体过肥可导致纤毛虫大量繁殖和生长，危害小龙虾的生长。稻田动物的活动及其新陈代谢影响水体的溶氧量和养分。稻虾共作的生态种养模式，减少了农药化肥的施用量，也减轻了由于重施农药化肥造成的农田环境污染。

5. 稻虾综合种养对病虫草害的影响

稻虾共作对稻田病虫草害有较大影响。随着稻虾共作年限的延长，虫害明显减少，稻飞虱、二化螟、稻纵卷叶螟等得到控制，特别是对二化螟的控制，主要是由于稻虾共作田冬季处于淹水状态，冬季二化螟幼虫基数为 0。但是，随着稻虾共作年限的延长，水稻茎基腐病显著加重，水稻纹枯病、稻瘟病病情指数提高。

养虾后稻田杂草总量减少，但随着养虾年限延长，部分杂草数量迅速回升，如千金子、稗草和莎草等。稻虾共作可部分控制通泉草、空心莲子草和鳢肠等杂草。

6. 稻虾综合种养对生物多样性的影响

稻虾共作模式，一方面引入入侵生物小龙虾，改变了食物营养关系；另一方面改变田间结构、耕作制度及田间管理方式，因此会对稻田生物多样性产生影响。研究结果表明，传统水稻单作稻田保持较高的生物多样性，实施稻虾共作后，由于田间工程的开挖，使稻田生物多样性下降，4 年后才能逐步回升。稻田昆虫受栽培模式影响较小，田间工程实施 1 年后即开始恢复；昆虫总数均随稻虾年限呈先降后升的趋势；中性昆虫数量最多，植食性昆虫次之，寄生性昆虫最少；稻虾共作多年后保持天敌数量较高，如蜘蛛等。

第 3 章　生态沟渠 + 小型生态净化塘过程阻控模式

3.1　过程阻控模式简介

过程阻控指在污染物向水体的迁移过程中，通过一些物理的、生物的，以及工程的方法等对污染物进行拦截阻断和强化净化，延长其在陆域的停留时间，最大化减少进入水体的污染物量。生态拦截沟渠技术通过对现有排水沟渠的生态改造和功能强化，或者额外建设生态工程，利用物理、化学和生物的联合作用对污染物特别是氮磷进行强化、净化和深度处理，不仅能有效拦截、净化农田污染物，还能汇集处理农村地表径流及农村生活污水等，实现污染物中氮磷等的减量化排放或最大化去除。该技术具有不需额外占用耕地、资金投入少、农民易于接受，又能高效阻控农田氮磷养分流失等特点。生态沟渠 + 小型生态净化塘主要由工程部分和植物部分组成，生态沟渠和小型生态净化塘采用素土或增加多孔砖构建而成，沟底、沟壁均种植高效吸收氮磷的植物。通过工程和植物的有效组合，农田排水中的氮磷通过泥沙沉降、基质吸附和植物吸收等而被有效去除。

3.2　蔬菜种植区生态田埂 + 生态沟渠 + 小型生态净化塘模式

蔬菜种植区域复种指数高，而且经常灌溉和施肥，一直是农业面源污染产生的重要区域（图 3-1）。为了提高蔬菜产量，菜农大量施用化肥（特别是氮肥），一些地方施氮量超过作物需求量的数倍。相较于粮食作物，大多数蔬菜是浅根系和没有庞大根系的作物，因此过剩肥料中的氮、磷等元素随地表径流流失进入周围的地表水或被淋洗到地下水的情况会很容易发生。为了治理蔬菜种植区的面源污染，在下游主要排水沟之前，设置三条生态沟渠和两个田间小型生态净化塘，其中两条生态沟渠跟蔬菜种植区连接，承接蔬菜种植区排水，另外一条生态沟渠连接两个田间小型生态净化塘（图 3-2）。

|(a)苦瓜|(b)豆角|
|(c)茄子|(d)菜心|

图 3-1　蔬菜种植区

3.2.1　素土生态沟渠

项目示范区内的生态沟渠 1 连接蔬菜种植区中部出水口，沟渠长 88m、底宽 2.6m、沟深 1.1m、沟壁坡度 1∶1.25。底部种植苦草，坡面种植美人蕉。该生态沟渠与两侧田埂之间有一个阶梯，形成两级式生态沟渠（图 3-3）。田埂靠沟渠一侧坡面种植美人蕉，靠农田一侧种植香根草（图 3-4）。

连接两个田间小型生态净化塘的生态沟渠 3（图 3-5）跟生态沟渠 1 一样也是素土沟渠。该生态沟渠长 64m、底宽 1.5m、沟深 1.5m、沟壁坡度 1∶1.25，生态沟渠两侧坡面种植美人蕉，沟渠底部种植荷花，水面种植穗状狐尾藻。生态沟渠 3 一侧为生态生产路，道路两侧坡面种植三白草，生态生产路中间铺步丁石和中华结缕草，靠沟渠一侧路缘种植木瓜，远离生态沟渠一侧路缘种植紫穗狼尾草。生态沟渠 3 另一侧为生态田埂，生态田埂靠沟渠一侧坡面种植三白草，靠田

图 3-2　生态沟渠 + 小型生态净化塘模式

图 3-3　生态沟渠 1

图 3-4 生态沟渠两侧的生态田埂

早期 中期

图 3-5 生态沟渠 3

一侧种植香根草。沟渠与生态田埂、生态道路之间有宽 0.8m 的平台，形成二级式生态沟渠，平台种植三白草。

3.2.2　多孔砖护坡生态沟渠

项目示范区内的生态沟渠 2 连接蔬菜种植区尾部出水口，沟渠长 120.5m、底宽 2.6m、沟深 1.5m、沟壁坡度 1 ∶ 1.25。该生态沟渠底部两侧铺设镇脚，两侧坡面铺设六边形多孔砖。底部种植睡莲、竹叶眼子菜，坡面种植再力花（图 3-6 和图 3-7）。生态沟渠一侧为生态生产路，道路两侧坡面种植三白草，生态生产路中间铺步丁石和中华结缕草，靠生态沟渠一侧路缘种植木瓜，远离生态沟渠一侧路缘种植紫穗狼尾草（图 3-8）。生态沟渠一侧为生态田埂，生态田埂靠生态沟渠一侧坡面种植三白草，靠农田一侧种植香根草。

图 3-6　生态沟渠 2

3.2.3　田间小型生态净化塘

田间小型生态净化塘位于生态沟渠进入主排水沟——吊钟涌沟之前，为半圆形构造，半径 2.5m，设计高度 1.1m，周围为砖砌墙，通过管道与生态沟渠连接，并通过直径为 60cm 的水泥混凝土管道与主排水沟渠连接。田间小型生态净化塘 1 种植黄花水龙、再力花和苦草（图 3-9）；田间小型生态净化塘 2 种植黄花水龙、再力花、苦草和铜钱草（图 3-10）。

图 3-7　生态沟渠 2 断面

图 3-8　生态沟渠 2 一侧的生态道路

图 3-9　田间小型生态净化塘 1

图 3-10　田间小型生态净化塘 2

3.3　水稻种植区生态田埂 + 生态沟渠 + 小型生态净化塘模式

　　生态农业示范建设项目在丝苗米产业园龙岗千亩立体种养示范区东南侧 200 多亩水稻种植区内，沿主要排水沟渠的末端，设置 4 条生态沟渠和 1 个小型生态净化塘（图 3-11）。生态沟渠分为两横两纵。生态沟渠 2 和生态沟渠 4 承接北侧农田的排水，生态沟渠 1 和生态沟渠 3 承接北侧农田排水并连通生态沟渠 2，之后生态沟渠 3 和 4 汇入到小型生态净化塘，最后通过小型生态净化塘排入主要排水沟。

图 3-11 水稻种植区生态沟渠 + 小型生态净化塘技术模式

　　水稻种植区内的生态沟渠 1 接纳该区域最东边农田的排水，为土质生态沟渠，沟渠长 40m、底宽 1.5m、沟深 1.1m、沟壁坡度 1 ∶ 1.25。底部种植竹叶眼子菜和荷花，沟两侧坡面种植香蒲。该生态沟渠北侧为生态田埂，生态田埂一侧与沟渠渠壁相连，种植三白草；该生态沟渠南侧为机耕路，生态沟渠与机耕路之间修筑生态田埂，田埂顶面种植长果桑，两侧坡面种植三白草（图 3-12）。

图 3-12 水稻种植区生态沟渠 1

水稻种植区内的生态沟渠 2 为多孔砖生态沟渠，沟渠长 230m、底宽 1.5m、沟深 1.5m、沟壁坡度 1 ：1.25。沟底种植竹叶眼子菜和荷花，沟两侧坡面铺设六边形多孔砖，多孔砖内部种植香蒲。生态沟渠两侧为生态田埂，生态田埂顶面靠沟渠一侧边坡种植三白草（图 3-13）。

图 3-13　水稻种植区生态沟渠 2

水稻种植区内的生态沟渠 3 为多孔砖生态沟渠（图 3-14），沟渠长 205m、底宽 1.5m、沟深 1.1m、沟壁坡度 1 ：1.25。沟底两侧铺设 50cm × 20cm × 20cm 的镇脚，沟渠两侧坡壁铺设六边形多孔砖。多孔砖内种植美人蕉，沟底种植苦草，水面种植黄花水龙。生态沟渠 3 两侧为生态田埂，北侧生态田埂连接农田，沟侧坡面种植三白草；南侧田埂连接机耕路，沟侧坡面种植三白草，顶部种植长果桑（图 3-15）。

水稻种植区内的生态沟渠 4 为多孔砖生态沟渠，沟渠长 292m、底宽 1.5m、沟深 1.1m、沟壁坡度 1 ：1.25。沟底两侧铺设 50cm × 20cm × 20cm 的镇脚，沟渠两侧坡壁铺设六边形多孔砖。多孔砖内种植再力花，沟底种植苦草。生态沟渠

图 3-14　铺设生态多孔砖的生态沟渠

图 3-15　水稻种植区生态沟渠 3

4 两侧为生态田埂，东侧田埂连接农田，沟侧坡面种植紫芋；南侧田埂连接机耕路，沟侧坡面种植紫芋，顶部种植长果桑（图 3-16）。

　　小型生态净化塘（图 3-16）位于生态沟渠 3 和生态沟渠 4 的交汇处，来自两条生态沟渠的农田排水经过小型生态净化塘净化后排到主排水渠。小型生态净化塘为大扇形，直径 2.5m，深度 1.1m，内部种植黄花水龙、穗状狐尾藻、铜钱草和睡莲。

图 3-16　水稻种植区生态沟渠 4 和小型生态净化塘

第4章 生态净化塘+生态人工湿地末端净化与养分再利用模式

4.1 末端净化与养分再利用模式简介

末端净化是指在不占用耕地资源的前提下，整理利用农田区域废弃池塘及地涝洼地，形成多集串联的多塘净化系统，强化其生态功能，可以有效调控、净化区域农田排水，减少农田排水进入下游水体前的氮磷含量，削减农业面源污染，实现农业清洁生产。为了避免农田排水没有经过净化就直接排入附近河流，大量未被农田作物吸收的氮磷等营养元素富集在下游水体，造成水体富营养化；同时丝苗米产业园内存在一些废弃的池塘，杂草丛生，水体停滞，藻类疯长，影响了乡村景观，部分闲置用地则没有被充分利用，生态农业示范建设项目利用这些废弃或闲置的坑塘和田块，构建生态净化塘和人工湿地，在丝苗米产业园龙岗片区的末端，结合实地情况，因地制宜，选取45.03亩原有的废弃坑塘和荒地建设农田排水集中净化设施，包括33.59亩生态净化塘和11.44亩表面流人工湿地（图4-1）。农田排水生态净化系统的净化能力主要由生态净化塘和表面流人工湿地构成（图4-2）。

图4-1　生态净化塘和表面流人工湿地效果图

图 4-2　农田排水生态净化系统区位图

根据丝苗米产业园的水循环路径，生态农业示范建设项目在示范区南部、水流的下游、吊钟涌沟西侧构建生态净化塘和人工湿地。净化塘和湿地系统由"六级生态净化塘 + 人工湿地"构成，在生态净化塘和人工湿地内种植氮磷吸附能力强的水生植物或作物，通过优化设计，减缓农田排水的流动速度，增加水力停留时间，让农田排水的氮磷被净化塘和湿地的植物、微生物等快速吸收转化。在六级生态净化塘中，植物、藻类、微生物和基质将构成一个完整的氮磷消纳系统。基质通过强大的吸附能力，能够先固定进入生态净化塘的农田排水中的氮磷和有机污染物，而植物和藻类通过光合作用，吸收氮磷供自身生长，而微生物则能够将水体中的氮通过硝化和反硝化作用，转化为氮气，释放到大气中，同时微生物也能净化水体中的有机污染物。经过六级生态净化塘净化后的农田排水，流入人工湿地，经过人工湿地的进一步净化，能够基本去除其中的污染物质，农田排水从人工湿地排出后，基本没有氮磷污染。此外，生态净化塘和人工湿地能够蓄积一定量的水分，在干旱季节能够供示范区内的农田抗旱使用，而在暴雨季节则能消纳暴雨前期高污染浓度的农田排水，起到一定的蓄洪作用。

4.2　生态净化塘

生态净化塘系统将主排渠吊钟涌沟的水引流经过净化系统，通过多级生态净化塘(图4-3),然后进入表面流人工湿地中进一步净化。生态净化塘通过修筑堤坝,将整个生态净化塘分为相互连通的六部分,延长生态净化塘的水流路径及其水力停留时间,能够更加有效地净化农田排水。

图 4-3　多级生态净化塘

人工湿地一般选择土壤、沙土、砂砾和石块作为基质,从而可以为微生物、水生动植物生长繁殖提供生境、生长基础和养分。基质是湿地消除污染物的主要反应界面,当农田排水通过湿地时,基质可以吸附、吸收、过滤、离子交换或络合等削减水体中的氮磷等污染成分。生态农业示范建设项目采用示范区当地的土壤、砾石和鹅卵石,加入纳米生物质碳、纳米沸石等纳米材料,构建表面流人工湿地基质。在第五级生态净化塘挂载生物膜系统,进一步为微生物构建适合的生境,提高氮磷去除效率。

4.3　植物配置

生态净化塘底部种植竹叶眼子菜、苦草和睡莲,浅水区种植美人蕉、再力花、黄菖蒲、紫芋,岸边种植叶子花等植物。

4.4 表面流人工湿地

表面流人工湿地在生态净化塘下游、人工湿地底部种植竹叶眼子菜、苦草和睡莲，浅水区种植三白草、水芹、芡实、千屈菜，岸边种植巴西野牡丹及长果桑、番石榴、黄皮等水果（图 4-4）。

图 4-4 表面流人工湿地

第5章 生物多样性保护和提升技术模式

5.1 生态道路

生态道路是使道路在设计、建设方面与自然环境相互融合，在道路建设全寿命周期里综合运用各项技术措施，节约资源，减少对环境的破坏与污染，形成行车安全舒适、运输高效便利、景观完整和谐的道路交通生态系统和区域交通生态系统，实现在现有条件下的最大生态化。生态道路是生态学与道路建设相结合的产物。生态代表和谐、健康、环保和舒适，所以生态道路是建立在交通发展与环境相互协调的基础上，以生态系统的良性循环为基本原则，综合考虑决策、设计、施工、运营、管理的全过程，在一定区域范围内结合环境、经济和社会发展而建立起来的道路系统。

生态农业示范建设项目在广州市增城区丝苗米省级现代农业产业园对原有的田间机耕路和生产路进行了升级改造，对新建的道路采用生态道路模式（图5-1）。

图 5-1　生态道路

5.2 生 态 廊 道

农田生态廊道是在农田之间具有一定宽度的条带状通道，可以促进农田内各斑块之间的连通性，有利于物种迁移活动，可提高区域生物多样性，调节农田生态系统小气候，拦截过滤雨水、河水、湖水等外源输入水和区域农田排水，可减少淤积和土壤肥力损失，促进农业稳产、增产。

生态农业示范建设项目主要沿示范区内主要沟渠布设三条生态廊道。在主排水沟渠吊钟涌沟南段和北段建设两段生态廊道，与中间的残留荔枝林构成一条贯穿示范区的生态廊道。在示范区中部沟渠也构建一条新的生态廊道，连接示范区两侧生境（图 5-2 和图 5-3）。

图 5-2 生态廊道 1

图 5-3　生态廊道 2

5.3　病虫害生态防控

太阳能水杀式除虫灯（图 5-4）均匀地安装在示范区内 6 个地点（图 5-5），同时在生态田埂、生态道路、生态廊道等建设时加入驱虫除虫的植物，再加上综合种养系统的立体种养，太阳能水杀式除虫灯、驱虫除虫植物与综合种养系统共同构建起一个完整的病虫害生态防控系统，可以减少农作物病虫害发生，降低农药使用量。按 30 ~ 50 亩，安装一盏太阳能水杀式杀虫灯，安装高度为杀虫灯底部距地面 1.5 ~ 2.0m，诱杀二化螟、三化螟、稻纵卷叶螟、稻飞虱等多种水稻害虫，并减控稻水象甲。

图 5-4　太阳能水杀式除虫灯

图 5-5　太阳能水杀式除虫灯分布图

5.4　其他生态措施

　　传统的混凝土三面光沟渠能够减少水分渗漏，提高水分输送效率，之前建设的三面光沟渠贯穿农田，对田间的动物栖息地造成分隔，需要依靠动物通道减缓不利影响，并且三面光沟渠的污染消纳力也很弱，为提升三面光沟渠的功能性，在三面光沟渠上加设动物通道，在通道下悬吊污染吸附材料。同时在树上挂小木盒（图5-6），在地面安装昆虫屋（图5-7），为鸟类和昆虫提供筑巢场所。

图5-6　鸟巢

图 5-7　昆虫屋

第 6 章　运行效果监测与评价

6.1　水质改善情况

项目实施前，由第三方检测机构在项目区选取有代表性的监测点 6 个，按照国家规定的相关标准和技术指南进行采样和检测分析。选取的监测点分布如图 6-1 所示。其中，生态农业示范建设项目规划区内选择 4 个监测点，分别为采样点 1#、采样点 2#、采样点 3# 和采样点 4#；作为对照，同时在项目规划区外选择 2 个监测点，分别为采样点 5# 和采样点 6#。项目基建工程完成施工后，第三方检测机构对以上项目区采样点进行再次采样和检测分析。

依据《地表水和污水监测技术规范》（HJ/T 91—2002），每个监测点采集 3 个水体样品，对水体的化学需氧量、铵态氮、总氮、硝酸盐氮和总磷进行测定分析。其中，化学需氧量测定依据《水质　化学需氧量的测定　重铬酸钾法》（HJ 828—2017），铵态氮测定依据《水质　氨氮的测定　水杨酸分光光度法》（HJ 536—2009），总氮测定依据《水质　总氮的测定　碱性过硫酸钾消解紫外分光光度法》（HJ 636—2012），硝酸盐氮测定依据《水质　硝酸盐氮的测定　紫外分光光度法（试行）》（HJ/T 346—2007），总磷测定依据《水质　总磷的测定　钼酸铵分光光度法》（GB 11893—89）。项目实施前和项目基建工程完成施工后，第三方检测结果见表 6-1。

表 6-1　项目实施前后不同监测点的面源污染变化情况　（单位：mg/L）

监测点	化学需氧量		铵态氮		总氮		硝酸盐氮		总磷	
	施工前	施工后	施工前	施工后	施工前	施工后	施工前	施工后	施工前	施工后
项目区内的监测点										
采样点 1#	34	24	5.76	1.65	15.63	2.34	0.39	0.30	0.68	0.33
采样点 2#	31	19	1.17	0.66	2.74	1.51	0.95	0.23	0.31	0.17
采样点 3#	37	24	3.27	1.62	7.07	3.17	1.42	0.85	1.08	0.68
采样点 4#	29	18	3.40	1.79	6.86	2.78	1.35	0.52	0.67	0.44
项目区外的监测点										
采样点 5#	37	15	*0.15*	*0.55*	1.77	1.30	0.43	0.37	*0.08*	*0.16*
采样点 6#	28	15	*0.06*	*0.63*	3.67	1.87	1.38	0.21	0.21	0.14

注：正体数值表示项目施工后小于施工前，斜体数值表示项目施工后大于施工前。

通过对比项目实施前后不同监测点的污染物浓度，获得各监测点的面源污染变化情况（图 6-2 和表 6-1）。经过生态农业示范建设，项目区内各个采样点施

图 6-1　项目区监测点分布图

增城生态农业示范建设项目总体规划图

项目施工前后（2~7月份）面源污染消减情况

COD降低36%
NH₄⁺降低50%
TN削减55%
TP削减37%

COD降低38%
NH₄⁺降低47%
TN削减60%
TP削减34%

COD降低46%
TN削减49%
TP削减36%
NH₄⁺提升

COD降低38%
NH₄⁺降低43%
TN削减45%
TP削减45%

COD降低30%
NH₄⁺降低71%
TN削减85%
TP削减52%

COD降低60%
TN削减26%
NH₄⁺和TP提升

项目建设单位：广东省农业环境与农村能源总站
项目承担单位：广东省科学院生态环境与土壤研究所
工程设计单位：广州珠科院工程勘察设计有限公司
工程施工单位：广东省科达水利电力岩土工程有限公司
项目协作单位：广东绿牛生态农业有限公司

采样点分布情况

项目区内的监测点：采样点 1#~4#；项目区外的监测点：采样点 5#~6#。

图 6-2　项目区监测点农业面源污染污染削减情况图

削减效果以 2021 年 1 月 29 日监测数据为基准

图例

生态试验区
生态净化塘
湿地
水生植物资源圃
陆生植物资源圃
水稻轮作区
5G智慧无人农场
立体农业试验区
科研试验示范区
果蔬生态育种区
综合种养
稻-鱼种养
稻-虾种养
稻-鸭种养

N

工后的农业面源污染全部呈现减少趋势，削减比例为 21.55% ~ 85.05%，超过项目的减排要求。而在项目区外的监测点，施工后采样点 5# 的铵态氮、总磷浓度，以及采样点 6# 的铵态氮浓度，相比施工前有所提高。

6.2　生态净化系统减排功能评价

项目区基建工程完成后，于 2021 年 7 月 21 ~ 27 日对生态沟渠、小型好氧净化塘、生态缓冲净化塘、人工湿地的入口和出口分别进行水质监测（周期为每两天一次）。以生态沟渠 1 的入口为整个生态净化系统（包括生态沟渠、小型好氧净化塘、生态缓冲净化塘和人工湿地）的总入口，以人工湿地的出口为整个生态净化系统的总出口，采用以下方法计算：削减率（%）=（生态沟渠 1 入口 – 人工湿地出口）/ 生态沟渠 1 入口 ×100%，初步估算项目区整套生态净化系统的面源污染削减效果（表 6-2 至表 6-5）。从表中看出，项目区水体流经生态沟渠、小型好氧净化塘、生态缓冲净化塘和人工湿地后，水质显著改善提升。7 月 21 日水质监测结果显示，铵态氮由总入口处的 4.60 mg/L（劣Ⅴ类），降低到总出口处的 1.20 mg/L（Ⅵ类），削减率接近 74%；溶解氧由总入口处的 5.10 mg/L（Ⅲ类），增加到总出口处的 8.73 mg/L（Ⅰ类），增加率超过 71%；总氮由总入口处的 7.20 mg/L（劣Ⅴ类），降低到总出口处的 2.10 mg/L（Ⅴ类），削减率接近 71%；总磷由总入口处的 0.33 mg/L（Ⅴ类），降低到总出口处的 0.19 mg/L（Ⅲ类），削减率超过 42%。7 月 23 日，总氮由总入口处的 2.70 mg/L，降低到总出口处的 1.60 mg/L，削减率接近 41%；总磷由总入口处的 0.23 mg/L（Ⅵ类），降低到总出口处的 0.16 mg/L（Ⅲ类），削减率超过 30%。7 月 25 日水质监测结果显示，硝态氮由总入口处的 1.00 mg/L，降低到总出口处的 0.30 mg/L，削减率为 70%；总氮由总入口处的 4.50 mg/L（劣Ⅴ类），降低到总出口处的 1.60 mg/L（Ⅴ类），削减率超过 64%；总磷由总入口处的 0.28 mg/L，降低到总出口处的 0.22 mg/L，削减率超过 21%。7 月 27 日，总氮由总入口处的 2.10 mg/L，降低到总出口处的 1.70 mg/L，削减率超过 19%；总磷由总入口处的 0.25 mg/L（Ⅵ类），降低到总出口处的 0.17 mg/L（Ⅲ类），削减率为 32%（郝贝贝等，2022）。

表 6-2　项目区生态沟渠、小型好氧净化塘、生态缓冲净化塘和人工湿地入口和出口分别进行
水质监测结果（2021 年 7 月 21 日）

建设内容	pH		电导率 / (μS/cm)		溶解氧 / (mg/L)		铵态氮 / (mg/L)		硝态氮 / (mg/L)		总氮 / (mg/L)		总磷 / (mg/L)	
	入口	出口	入口	出口	入口	出口	入口	出口	入口	出口	入口	出口	入口	出口
生态沟渠 1	8.59	8.21	220.8	130.6	5.10	6.88	4.60	2.20	2.60	1.90	7.20	4.10	0.33	0.08
小型好氧净化塘 1	8.21	8.19	130.6	130.4	6.88	6.98	2.20	2.30	1.90	1.90	4.10	4.20	0.19	0.19
生态沟渠 2	8.50	8.38	124.5	124.9	8.69	8.78	1.90	2.00	2.40	1.50	4.30	3.50	0.20	0.15
小型好氧净化塘 2	8.38	8.39	124.9	128.7	8.78	8.83	2.00	1.90	1.50	1.50	3.50	3.40	0.16	0.16
生态沟渠 3	8.20	8.27	260.8	199.2	7.03	7.68	4.10	3.20	2.60	1.80	6.70	5.00	0.31	0.20
生态沟渠 4	7.83	8.26	380.6	336.8	6.57	8.01	4.10	6.70			6.10	8.50	0.28	0.36
小型好氧净化塘 3	8.26	8.19	336.8	301.8	8.01	7.73	6.70	5.20	1.80	1.50	8.50	6.70	0.39	0.28
生态沟渠 5	8.57	8.43	366.6	280.7	9.15	8.15	5.00	5.40	1.80	1.80	6.80	7.20	0.31	0.33
生态沟渠 6	7.98	8.59	320.8	292.5	7.38	9.86	1.10	3.10	9.40	2.30	10.50	5.40	0.48	0.03
生态缓冲净化塘	8.65	8.59	169.3	164.0	8.42	8.69	1.40	1.30	1.70	1.10	3.10	2.40	0.14	0.10
人工湿地	8.52	8.53	173.2	173.2	8.72	8.73	1.20	1.20	1.00	0.90	2.20	2.10	0.10	0.19
削减率 /%	0.70		21.56		−71.18		73.91		65.38		70.83		42.42	

注：削减率（%）=（生态沟渠 1 入口－人工湿地出口）/ 生态沟渠 1 入口 ×100%。正值表示削减，负值
表示增加。

表 6-3　项目区生态沟渠、小型好氧净化塘、生态缓冲净化塘和人工湿地入口和出口分别进行
水质监测结果（2021 年 7 月 23 日）

建设内容	pH		电导率 / (μS/cm)		溶解氧 / (mg/L)		铵态氮 / (mg/L)		硝态氮 / (mg/L)		总氮 / (mg/L)		总磷 / (mg/L)	
	入口	出口	入口	出口	入口	出口	入口	出口	入口	出口	入口	出口	入口	出口
生态沟渠 1	8.79	8.88	185.9	154.4	11.09	12.13	2.10	2.10	0.60	0.60	2.70	2.70	0.23	0.23
小型好氧净化塘 1	8.88	8.67	154.4	149.7	12.13	13.19	2.10	2.10	0.60	0.50	2.70	2.60	0.23	0.22
生态沟渠 2	8.83	8.79	145.2	142.2	13.20	13.62	2.00	2.30	0.60	0.50	2.60	2.80	0.22	0.24
小型好氧净化塘 2	8.79	8.85	142.2	140.3	13.62	13.49	2.30	2.30	0.50	0.60	2.80	2.90	0.24	0.25

续表

建设内容	pH		电导率 / (μS/cm)		溶解氧 / (mg/L)		铵态氮 / (mg/L)		硝态氮 / (mg/L)		总氮 / (mg/L)		总磷 / (mg/L)	
	入口	出口	入口	出口	入口	出口	入口	出口	入口	出口	入口	出口	入口	出口
生态沟渠 3	7.85	8.81	344.2	216.0	8.53	12.55	5.30	4.30	1.50	0.60	6.80	4.90	0.58	0.35
生态沟渠 4	8.01	8.42	196.8	355.2	5.71	8.16	2.90	7.40	1.30	0.70	4.20	8.10	0.36	0.53
小型好氧净化塘 3	8.42	8.32	355.2	336.2	8.16	9.15	7.40	6.40	0.70	0.60	8.10	7.00	0.69	0.58
生态沟渠 5	8.44	8.51	379.4	301.4	9.18	9.38	5.90	6.20	0.60	0.60	6.50	6.80	0.55	0.58
生态沟渠 6	7.91	8.58	272.6	308.0	9.19	10.24	0.50	3.40	7.40	0.60	7.90	4.00	0.67	0.02
生态缓冲净化塘	8.53	8.48	160.1	167.3	10.40	10.69	1.50	1.40	0.70	0.40	2.20	1.80	0.19	0.15
人工湿地	8.46	8.34	175.8	179.0	10.92	11.85	1.40	1.20	0.40	0.40	1.80	1.60	0.15	0.16
削减率 /%	5.12		3.17		−6.85		42.86		33.33		40.74		30.43	

注：削减率（%）=（生态沟渠 1 入口 - 人工湿地出口）/ 生态沟渠 1 入口 ×100%。正值表示削减，负值表示增加。

表 6-4　项目区生态沟渠、小型好氧净化塘、生态缓冲净化塘和人工湿地入口和出口分别进行水质监测结果（2021 年 7 月 25 日）

建设内容	pH		电导率 / (μS/cm)		溶解氧 / (mg/L)		铵态氮 / (mg/L)		硝态氮 / (mg/L)		总氮 / (mg/L)		总磷 / (mg/L)	
	入口	出口	入口	出口	入口	出口	入口	出口	入口	出口	入口	出口	入口	出口
生态沟渠 1	7.76	7.52	219.6	171.9	7.82	7.54	3.50	2.30	1.00	0.70	4.50	3.00	0.28	0.14
小型好氧净化塘 1	7.52	7.49	171.9	168.1	7.54	7.99	2.30	2.60	0.70	0.50	3.00	3.10	0.19	0.19
生态沟渠 2	7.55	7.48	163.6	158.2	8.54	9.01	2.30	2.40	0.60	0.30	2.90	3.10	0.18	0.18
小型好氧净化塘 2	7.48	7.51	158.2	160.9	9.01	9.02	2.80	2.50	0.30	0.40	3.10	2.90	0.19	0.18
生态沟渠 3	7.33	7.50	366.2	235.2	6.64	8.70	5.00	4.40	0.80	0.50	5.80	4.90	0.36	0.29
生态沟渠 4	7.54	7.69	338.8	381.1	6.64	8.78	5.60	7.70	0.50	0.50	6.10	8.20	0.38	0.48
小型好氧净化塘 3	7.69	7.65	381.1	376.3	8.78	9.35	7.70	8.60	0.50	0.40	8.20	9.00	0.51	0.56
生态沟渠 5	7.70	7.74	386.4	329.7	8.24	9.31	6.10	7.10	0.50	0.50	6.60	7.60	0.41	0.46
生态沟渠 6	7.53	7.74	297.3	312.3	6.56	8.77	1.20	3.50	3.10	0.40	4.30	3.90	0.27	0.24

续表

建设内容	pH		电导率 /（μS/cm）		溶解氧 /（mg/L）		铵态氮 /（mg/L）		硝态氮 /（mg/L）		总氮 /（mg/L）		总磷 /（mg/L）	
	入口	出口	入口	出口	入口	出口	入口	出口	入口	出口	入口	出口	入口	出口
生态缓冲净化塘	7.82	7.75	158.3	167.4	8.81	8.19	1.60	1.30	0.60	0.40	2.20	1.70	0.14	0.10
人工湿地	7.80	7.74	174.4	180.3	8.08	7.89	1.20	1.30	0.40	0.30	1.60	1.60	0.10	0.22
削减率 /%	0.12		17.90		−0.90		62.86		70.00		64.44		21.43	

注：削减率（%）=（生态沟渠 1 入口 – 人工湿地出口）/ 生态沟渠 1 入口 ×100%。正值表示削减，负值表示增加。

表 6-5 项目区生态沟渠、小型好氧净化塘、生态缓冲净化塘和人工湿地入口和出口分别进行水质监测结果（2021 年 7 月 27 日）

建设内容	pH		电导率 /（μS/cm）		溶解氧 /（mg/L）		铵态氮 /（mg/L）		硝态氮 /（mg/L）		总氮 /（mg/L）		总磷 /（mg/L）	
	入口	出口	入口	出口	入口	出口	入口	出口	入口	出口	入口	出口	入口	出口
生态沟渠 1	8.54	8.25	162.3	144.9	5.68	4.91	1.90	2.30	0.20	0.30	2.10	2.60	0.25	0.30
小型好氧净化塘 1	8.25	8.28	114.9	115.5	4.91	4.62	2.30	2.30	0.30	0.20	2.60	2.50	0.31	0.30
生态沟渠 2	8.32	8.31	115.5	118.0	4.51	4.75	2.00	2.00	0.30	0.30	2.30	2.30	0.27	0.27
小型好氧净化塘 2	8.31	8.28	118.0	139.7	4.75	4.73	2.00	2.50	0.30	0.30	2.30	2.80	0.27	0.32
生态沟渠 3	8.29	8.22	115.9	184.0	4.77	4.93	2.10	3.70	0.40	0.40	2.50	4.10	0.30	0.41
生态沟渠 4	8.23	8.24	155.6	373.5	5.78	5.94	2.60	6.90	0.60	0.30	3.20	7.20	0.38	0.59
小型好氧净化塘 3	8.24	8.23	373.5	361.5	5.94	5.62	6.90	7.30	0.30	0.30	7.20	7.60	0.86	0.90
生态沟渠 5	8.42	8.36	389.8	338.9	6.21	4.96	7.10	7.60	0.40	0.40	7.50	8.00	0.89	0.95
生态沟渠 6	8.06	8.45	309.5	316.0	5.23	5.75	1.10	4.30	3.70	0.30	4.80	4.60	0.57	0.55
生态缓冲净化塘	8.51	8.37	159.9	171.7	7.10	6.76	1.70	1.60	0.40	0.30	2.10	1.90	0.25	0.22
人工湿地	8.37	8.36	160.7	154.4	6.34	6.76	1.40	1.50	0.30	0.20	1.70	1.70	0.20	0.17
削减率 /%	2.11		4.87		−19.01		21.05		0.00		19.05		32.00	

注：削减率（%）=（生态沟渠 1 入口 – 人工湿地出口）/ 生态沟渠 1 入口 ×100%。正值表示削减，负值表示增加。

6.3 生态功能提升情况

项目区要打造农业绿色发展先行示范区，各生产环节优选绿色措施，各生态板块要注重资源循环利用。为此，项目区实施测土配方施肥、有机肥替代化肥（1t/亩），秸秆粉碎或腐熟还田等生态农业措施。

项目区建设选用巴西野牡丹、百香果、百子莲、垂花悬铃花、大叶油草、番木瓜、番石榴、格桑花、狗牙根、荷花、黄菖蒲、黄花水龙、黄皮、苦草、蓝雪花、荔枝、菱角、龙眼、美人蕉、萍蓬草、三白草、三角梅、水果木瓜、睡莲、穗状尾狐藻、铜钱草、香根草、香蒲、阴香、再力花、长果桑、栀子、中华结缕草、竹叶眼子菜、紫穗狼尾草、紫芋等共计 36 种植物物种。其中，观赏植物有巴西野牡丹、垂花悬铃花、大叶油草、格桑花、荷花、紫穗狼尾草等 22 种，果树有百香果、番木瓜、番石榴、黄皮、荔枝、龙眼、水果木瓜、长果桑 8 种，水生植物有荷花、黄菖蒲、黄花水龙、苦草、菱角、美人蕉、萍蓬草、睡莲、穗状尾狐藻、香蒲、竹叶眼子菜、紫芋 12 种。

项目区的建设，在美化区域景观，保证农田排灌水质量的同时，也显著增加区域的生物多样性，提高生态系统的稳定性。项目基建工程完成施工后，项目区监测点的水质由项目实施前的劣 V 类提升至项目验收期间的 VI 类或 III 类。项目区生态净化系统，面源污染减排效果显著，2021 年 7 月 21 ~ 27 日，连续的水质监测结果显示，项目区水质经过生态沟渠、小型好氧净化塘、生态缓冲净化塘和人工湿地等的净化处理后，总氮最高削减接近 71%，铵态氮最高削减接近 74%，溶解氧最高增加超过 71%，总磷最高削减超过 42%。

第二部分　生态农业技术指南

第7章 生态综合种养系统技术

稻渔复合共生生态种养模式主要包括：稻鱼综合种养、稻鸭综合种养、稻虾综合种养、稻鳖综合种养和稻蟹综合种养5种模式，各种模式的具体种养技术将在下文逐一介绍。

7.1 稻鱼综合种养技术

稻鱼综合种养系统通常选择养殖的鱼类有鲫鱼、鲤鱼和草鱼。不同鱼类生长所需的水生环境不同，且不同鱼类的生活习性和食物偏好等也有所差别。因此，稻鱼综合种养时需根据所选饲养的鱼类来具体构建对应的共生田，并选择合适的水稻品种和适宜的种植方式，以达到稻鱼共生互促、鱼米双丰产的目的。

7.1.1 共生田准备

1. 共生田选择

稻鱼综合种养需根据不同鱼类生长所需的水生环境选择合适的共生田。

（1）鲫鱼共生田：选择地势平坦、坡度小、水量充足、水质清新无污染、排灌方便、雨季不涝的田块；土质以保水力强的壤土为好，且肥沃疏松腐殖质丰富，呈酸性或中性（pH 6.5～7），泥层以深20cm为宜。稻田养殖面积不宜太大，单块养殖区控制在1～2hm²，面积过大会使生产管理不便，投饵不均，起捕难度大，影响鱼产量。

（2）鲤鱼共生田：要着重选择水源丰富、阳光充足、无污染、保水保肥性较强、排灌方便的田块，并且田块能防洪、防旱，每块稻田面积最好在3亩以上（杨著山和陈忠明，2014）。稻田选择应具备三个基本条件：一是土质要好，保水力强，稻田土壤肥沃；二是水源要好，水质良好、无污染，水量充足，有独立的排灌渠道；三是光照条件要好，光照充足，阴坡冷浸田不宜养殖鲤鱼（唐洪等，2017）。

（3）草鱼共生田：宜选择水源充足、交通方便、无旱无涝的田块，土质为黏性更好。

2.共生田改造

根据不同鱼类的生活习性对稻鱼综合种养系统所选的共生田进行对应改造。

1）鲫鱼共生田改造

（1）加高加固田埂：修整田埂，夯实加固。外田埂高50cm、顶宽40cm、底宽60cm；内田埂高40cm、顶宽30cm、底宽50cm（贾艳秋和刘凤志，2017）。

（2）设置拦鱼栅：进水口、出水口呈对角设置，宽度为30～60cm。在进水口、出水口安装拦鱼栅，采用网片、铁筛均可，最好设置2层（郑远洋，2017）。

（3）挖好鱼沟、鱼溜：在稻田内挖鱼沟、鱼溜，鱼沟一般宽50cm、深30cm。鱼沟距田埂1m左右，一般挖成"口"字形、"日"字形或"田"字形。鱼溜设在鱼沟交叉处，长、宽各为1m，深80cm。鱼沟、鱼溜的面积一般占整个田块面积的5%～10%。

（4）稻田消毒施肥：在鱼种投放前10～15天，每亩施腐熟有机肥150～250kg、磷肥40kg；放养前7～10天，稻田及鱼沟、鱼溜用适量生石灰化浆泼洒消毒。干池消毒的用量为每亩（田间沟的面积）60～75kg、带水消毒的用量为每亩平均水深1m时使用125～150kg，也可以用漂白粉消毒，每立方米水体用20g漂白粉。注水时，一定要在进水口用尼龙纱网过滤，严防野杂鱼等混入池塘（张静，2020）。

2）鲤鱼共生田改造

（1）加高加固田埂：田埂应加高、加固，一般要高出田面40cm以上（姜巨峰等，2020），并对田埂内侧进行硬化，捶打结实，确保不塌、不漏，使其能有效防止鱼跃、鸟啄、打洞造成的损失。田埂整修时可采用条石或三合土护坡。田埂高度视不同地区、不同类型稻田而定：丘陵地区40～50cm，平原地区50～70cm，低洼田80cm以上，田埂顶宽50cm以上。对于一些"禾时种稻、鱼时成塘"的稻田，田坝可加高加宽达1m以上，防止大雨天田水越过田埂或田埂崩溃，田坝上可种植黑麦草、苏丹草等青饲料（刘森和陆敬波，2019）。

（2）开挖鱼沟和鱼凼：鱼沟是鱼从鱼凼进入大田的通道。鱼沟既可在插秧前开挖，也可在秧苗移栽返青后开挖。在水田四周沿田埂开挖，鱼沟的沟宽30～60cm、深30～60cm，可开成1～2条纵沟，亦可开成"十"字形、"井"字形或"目"字形等不同形状（腾芸，2018）。鱼凼是农事时用于鱼暂时聚集、避暑等最好的地方，在稻田养殖鲤鱼时，鱼凼是关键设施之一，最好用条石修建，也可用三合土护坡。鱼凼大小以占稻田面积8%～10%为宜，一般是每块稻田修建1个，对于一些面积较小的稻田，可以几块稻田共建一个。鱼凼深1.5～2.5m，由田面向上筑埂 30cm，面积以 50 ~ 100m² 为宜，对于宽沟式稻鱼工程模式则以沟代凼，沟占田面积 8% ~ 10%，沟宽 2.5 ~ 3.5m，深 1.5 ~ 2.5m。离田埂应保持 80cm 以上距离，以免影响田埂的牢固性。鱼沟必须与鱼凼连接，鱼凼和鱼沟的具体形式根据稻田养鱼的养殖模式和稻田面积大小而定（腾芸，2018）。

（3）开好进水口与排水口：进水口、排水口应选在相对两角的田埂上，在较高处设进水口，在较低处设出水口，确保进水、排水时稻田水顺利流转（顾红平与唐玉华，2020）。进水口、排水口要设置拦鱼栅或装上防逃网，以便大雨过后能够及时排除过多的田水，同时也能严防鱼逃跑。有条件的可在进水口内侧附近加上一道竹帘或树枝篱笆，避免鱼逃跑。

（4）搭设鱼棚：夏热冬寒，鱼凼应安装搭棚，让鱼夏避暑、冬防寒。应实行仿生态设计，开挖鱼沟时，注意鱼沟方向，尽量南北走向，植物栽沟两边，以豆科植物为主，鱼凼的上方可以搭建瓜棚、葡萄架。

（5）稻田消毒：稻田消毒应在鱼种放养前，主要清除鱼类的敌害生物（如黄鳝、老鼠等）和病原体（主要是细菌、寄生虫类）（黄璜等，2016）。清田消毒药物有生石灰、茶枯、漂白粉等（陆琴，2021）。用量及使用方法为带水消毒。生石灰 100kg/ 亩左右，加水搅拌后，立即均匀泼洒。茶枯清田消毒，水深 10cm 时，每亩用 5 ~ 10kg（王文彬，2019a）。漂白粉清田消毒，水深 10cm 时，每亩用漂白粉 4 ~ 5kg（黄璜等，2016）。

3）草鱼共生田改造

（1）鱼沟开挖：要想给草鱼一定的水体活动空间，养鱼的田间工程必须达到标准，决不能搞平板式的放养，因此鱼沟和鱼凼的开挖是必不可少的。鱼沟的开挖一般根据田块的大小和形状，挖成"十"字沟、"一"字沟、"井"字沟或围沟。保证沟宽 200cm、深 100cm，做到沟凼相通，沟与沟相连，便于鱼的活动，来去自由，不会受阻，沟面积占稻田总面积的 6% 左右。

（2）鱼凼工程：鱼凼建在稻田进排水方便的一头，鱼凼面积占稻田总面积的 3% ~ 4%，鱼凼深 1.0 ~ 1.5m，四周用砼砖砌护，每个鱼凼内开 1 ~ 2 个宽 30 ~ 40cm、高 40 ~ 50cm 的闸口，闸口与鱼沟相连。晒田时，要保证沟、坑里的水常注、常新、常满。在不影响水稻正常生长的前提下，随着稻苗的生长，逐步加深水位，保持足够的养鱼水量。水量不够，鱼的产量就会受影响。

（3）田埂培高加固：稻田四周田埂均以砼砖砌护，田埂高 50cm、宽 1m，并夯实，鱼凼和田埂四周种瓜果、蔬菜及优质牧草。

（4）建设好拦鱼设施：在稻田养殖草鱼时，最好在水稻发育前期建设好集鱼坑周围的拦鱼设备，这是因为秧苗鲜、嫩、弱，正是草鱼喜食的好饲料。所以在放养的前期，应将大规格的草鱼种控制在集鱼坑内，用竹条、柳条、木棍儿、铁丝网、纱窗等,在集鱼坑的周围制成拦鱼栅,拦鱼栅的缝宽或孔隙以草鱼种不能进入稻田为准。拦鱼栅要牢固,高出水面 40cm 左右。在稻田进水口、排水口应安装好拦鱼设施(以铁丝或竹片制成),其大小、数量视稻田大小及排水量而定。待水稻稻叶挺直远离水面后,稻秧就没有那么嫩,草鱼只要吃饱就不会跳高去吃稻苗。这时就要及时将集鱼坑周围的拦鱼设备拆掉,让鱼能够到田中活动觅食(赵天才,2017)。

(5)稻田处理:为避免草鱼发生肠炎等病,草鱼种在放养到稻田之前,首先应清田消毒。具体做法就是在鱼种放养前 15 天用生石灰对稻田进行消毒,每亩用 25 ~ 50kg,加水搅拌后立即均匀泼洒。此外,应施好底肥(李翠英,2018)。养鱼施底肥应根据土壤肥力酌量施用,一般每亩施 300 ~ 400kg 有机肥,或 10kg 碳酸氢铵和 10kg 磷酸钙混合施用。

7.1.2 水稻种植

1. 品种选择

稻鱼综合种养系统养殖鲫鱼时,选择高产、优质、抗病的当地主栽水稻品种为宜。特别要注意抗倒性,以抗倒性好、分蘖力强、耐肥力强、熟期适中的品种为佳。尽量避免在水稻生长季节施肥、撒药。

稻鱼综合种养系统养殖鲤鱼时,选择的水稻品种需满足几个基本条件:一是耐水淹、不易倒伏,经得起水泡和风吹;二是茎秆坚硬、株型紧凑、茎秆较高;三是具有耐肥力、抗病;四是生长期较长;五是生育期长,便于养大鱼后再转塘或起捕。

稻鱼综合种养系统养殖草鱼时,对水稻品种要求相应很高。由于田沟养鱼常年不能断水,不能频繁施用农药,所以应选择茎秆坚硬、能抗倒伏、又抗病害、耐肥力强且产量高的品种。

2. 播期选择

由于地理位置和气候条件的影响,不同地区的水稻种植时间不尽相同。南方地区降雨量大,适宜水稻种植,故水稻种植面积较广。华南和华中地区常种植双季稻,早稻和晚稻的播种时间依据地区气候条件差异有所不同。一般情况下,早稻应在清明前后播种育秧,4 月底移栽。待早稻收获后,于 7 月初播种晚稻,7 月下旬移栽,移栽后 15 ~ 20 天内将田内水位保持 2 ~ 3cm,之后加深全田水位至 15 ~ 20cm(徐建欣等,2018)。对于单季稻种植地区时,中稻种植一般在 6 月中上旬播种育秧。要想尽早利用稻田养鱼,延长鱼种生长期,必须要提早培育秧苗，具体时间以各地水稻种植时间为准，越早越好。

3. 种植密度

为充分利用稻田面积，保证稻田的丰收，稻秧栽插要合理，插秧时采取宽窄行密植，以提高栽种数量，同时秧苗要插实、插正，确保快速生长。另外，要充分利用稻田的边行优势，适当增加埂侧以及沟旁的栽插密度，保证稻谷的产量和收益。

7.1.3　共生对象的饲养

1. 鲫鱼饲养

（1）放养鱼种：鲫鱼可选择彭泽鲫、异育银鲫、高背鲫、方正银鲫等品种。放养的鱼种既可选择夏花鱼种，也可选择春花鱼种，但由于稻田苗种放养晚，春花鱼种很难购买，而夏花鱼种容易买到。

（2）鱼种质量：选择规格整齐、体质健壮、无伤无病的鱼种（王金胜，2020）。

（3）放养时间：为减少鱼体受伤，提高成活率，鲫苗种一般在稻田插秧1周后放养。此时水温稳定在10℃以上，若是在暂养池或暂养稻田中的鲫鱼，最好在水温15℃左右分池。

（4）放养密度：鱼种一次放足，可保证每次出塘鱼的规格整齐，便于集约化养殖和出售。夏花鱼种规格达到2～3cm即可，放养密度为600～800尾/亩。春花鱼种规格以50～100g为宜，放养密度为150～200尾/亩。

（5）鱼种消毒：水温10～15℃，鱼种下田前用20mg/kg高锰酸钾溶液药浴20min或用2%～4%食盐水溶液浸泡10～20min，保证其成活率。在生产实践中，如果鱼种质量好、无病或在暂养时已对鱼病进行了处理，则在放养到稻田时可不进行鱼体消毒，以便减少鱼体损伤，减少水霉、竖鳞等病的发生（李静，2007）。

2. 鲤鱼饲养

（1）放养鱼种：鲤鱼在稻田里的生长速率比较快，一般放当年鱼种，寸片鱼种两个月可长到50g，3个月达100g；50g左右的隔年鱼种3个月达300g以上。

（2）鱼种质量：选择健壮、无病、无损伤、活泼的鲤鱼投放。

（3）放养时间：鲤鱼的放养时间因稻作季节和鱼种规格稍有区别，鱼种放养时间越早，鱼的生长季节就越长。早稻、中稻稻田放养当年孵化的春花或夏花鱼种，可在整田或在秧苗返青后放入鱼种。放养隔年鱼种则在栽秧后20d左右为

宜。放养过早鲤鱼活动会造成浮秧，甚至会出现鲤鱼拱秧苗、吃秧根现象；放养
过迟对鱼、稻生长不利。晚稻田养鱼，只要耙田结束就可投放鱼种。

（4）放养密度：一般每亩稻田投放重 100g 左右的鲤鱼 300 ～ 400 尾即可。
如果是在稻田里培养大规格鱼种，每亩可投放 3 ～ 5cm 的鱼种 1000 ～ 1200 尾。
用夏花养成鱼种，不投饵，每亩可放 2000 ～ 3000 尾；若投饵，每亩可放养 12000 尾。

（5）鱼种消毒：鱼种在放养前用 2% ～ 3% 的食盐水浸泡 10 ～ 15min 消毒，
再缓缓倒入鱼溜中。放鱼种时，要特别注意水的温差不能大于 3℃（卢春玲等，
2017）。化肥作底肥时应在化肥毒性消失后再放鱼种（农瑞斌，2017）。

3. 草鱼饲养

（1）鱼种质量：放养的草鱼要求品质好、体质健壮、无病、无伤。

（2）放养时间：鱼种放养时间一般为栽秧后 7 天。大规格草鱼种先暂养于
鱼凼内，待秧苗盈穗后再与大田相通。夏花草鱼或小规格的草鱼种可直接放到田
间沟内。

（3）放养密度：在稻田里养殖草鱼种时，最好是单养。如果需要混养，建
议搭配比例为草鱼 50% ～ 60%、鲤鱼 20% ～ 30%、花白鲢鱼 10% ～ 15%、鲫
鱼 5% ～ 10%。草鱼放养密度及规格在原则上是规格大少放、规格小多放，作为
以培育草鱼鱼种为主的稻田养殖，可放寸片鱼种 1000 ～ 1500 尾 / 亩。

（4）鱼种消毒：草鱼种放养时用 3% ～ 5% 的食盐水浸泡 5 ～ 10min，以使
鱼体消毒。

7.1.4　大田管理

1. 日常管理

1）稻田养殖鲫鱼的日常管理

（1）勤巡田：鱼种投放后，每天早晚各巡田一次，观察水质变化、鱼的活
动和摄食情况，及时调整饲料投喂量；发现田埂塌漏要及时堵塞、夯实；注意
维修进出水口的拦鱼栅，防止洪水漫埂或冲毁拦鱼设备（张学师等，2020）；
田间水较少时，要经常疏通鱼沟，如有搁浅的鱼要及时捡入鱼沟内（郑远洋，
2017）；清除田间沟内的杂物，保持沟内的清洁卫生；发现死鱼、病鱼时，要及
时捞起掩埋，并如实填写记录。

（2）建立养殖档案，做好日常记录：建立稻田养殖档案，档案内容包括每
块稻田鱼苗、鱼种、成鱼或亲鱼的放养数量、重量、规格、放养时间，以及捕捞
的时间、数量、重量、价格等。认真做好"稻田档案记录手册"记录，坚持把每

天有关工作记录下来，如每天投饲情况、鱼类活动、吃食情况、鱼病发生情况、预防治疗措施、天气状况、稻田的水温、有无异常情况，采取了什么样的措施等（叶华，2017），稻田的水位、秧苗发育情况、秧苗的病害情况等都要详细记录下来，这也是稻田养鱼生产技术工作成果的记录，以便年底总结和随时查阅。

（3）调节水位水质：在不影响水稻生长的前提下，尽量提高水位，以增加鱼类的活动水体，利于鱼类生长。最好不晒田，必须晒田时排水要慢，让鱼安全进入鱼沟。为了保持良好的水质、防止水质恶化、不影响鱼类生长、减少浮头死鱼，要定期换注部分新水，一般每隔10d换水1次；夏季高温季节，要经常换注新水（叶华，2017）。田间沟里的水体透明度为30～40cm，水中溶氧应保持在4mg/L以上。在饲养早期，为使田水快速升温，同时也是为了满足秧苗的生长需要，田面水深保持0.2m左右即可，至5月上旬开始逐渐加水；6月底加到最大水深，7～9月高温季节要勤换水，每7～10天换水一次，每次20～30cm，先排水、后进水，保证田水的"嫩""活""爽"，促进主养鱼类的快速生长。在水源缺乏的地方，可以通过在合适时候泼洒微生态制剂，以控制水面的藻类。

（4）农药施用：稻田养殖鲫鱼，要显著减少农药施用量。施农药时，粉剂应在早晨露水未干时施用，水剂应在中午露水干时喷洒，尽量将药物喷在水稻茎叶上（郑远洋，2017）。

（5）施肥：最好施用长效基肥，如农家肥、磷酸氢二铵或尿素等，不仅对鲫鱼无害，还有利于鲫鱼的生长。追肥要少施勤施（刘贵仁，2014）。

2）稻田养殖鲤鱼的日常管理

（1）巡田：定期观察鱼类的活动情况，看是否有浮头，有无发病，检查长势，观察水质变化。傍晚检查鱼类吃食情况，注意调节水质，适时调节水深，及时清整鱼沟和鱼窝。一般每10d左右清理一次鱼沟和鱼窝，使鱼沟的水保持通畅，使鱼窝能保持应有的蓄水高度，保证鲤鱼正常的生长环境。注意防洪、防涝、防敌害（王贤成，2019）。

（2）施肥：根据水稻生长和水质肥瘦，适时、适量追施有机肥或化肥。根据农户家庭经济条件，主要以堆肥等有机肥为主，辅以农家精饲料、青饲料。堆肥是把稻草与畜粪等堆积7～10d后入田。堆肥放在田中，用泥土压好或盖好，目的是使其进一步发酵、使肥效缓慢肥田并任凭鱼类觅食。堆肥量视水质的肥瘦及养殖过程中饲料投喂量的多少确定。其他有机肥主要是施放沼液或人畜粪肥，通过肥水繁殖浮游生物来饲养鱼类。随天气转热，施肥量可逐渐增加，同时要注意水质变化（黎玉林等，2003）。

（3）水的调节：养鲤鱼的稻田水位最好控制在10～20cm。稻田养鱼灌水调节可分为以下6个时期：①禾苗返青期，此时期水淹过田面4～5cm，利于活株返青；②分蘖期，此时期水位超过田面2cm，利于提高泥温、使水稻易分蘖，应预防杂草和夏旱；③分蘖末期，此时期沟内保持大半沟水，提高上株率；④孕穗期，此时期做到满沟水，利于水稻含苞；⑤抽穗扬花到成熟期，此时期沟内一直保持大半沟水，利于养根护叶；⑥收获期，水位控制在田面以上4～5cm，利于鲤鱼觅食活动。盛夏时期，水温有时候可达到35℃以上，要及时注入新水或者进行换水，调整温度。阴雨天要注意防止洪水漫过田埂，冲垮拦鱼设施，造成逃鱼损失（林伟，2012）。

3）稻田养殖草鱼的日常管理

（1）加强巡田：除严格按稻田养草鱼和种稻的技术规范实施管理外，每天需要通过巡田及时掌握水稻、草鱼的情况，并针对性地采取办法，特别是在大雨、暴雨时要防止漫田，检查进水口、出水口拦鱼设施功能是否完好，检查田埂是否完整、是否有人畜损坏，并及时采取补救措施。

（2）供水管理：主养草鱼的稻田在水稻分蘖期可以灌深水，淹没稻禾的无效分蘖部位，供草鱼食用。

（3）科学调控水质：高温季节，水质极易变坏，应经常加注新水，而且每隔7～10d换一次水，每月追施生石灰一次，一般用量为10～20kg/亩，保证水质达到"肥、活、嫩、爽"。

（4）清洁鱼沟、鱼凼：当稻田养草鱼的鱼种放养密度较大、草鱼产量较高（投饵型）时，草鱼的摄食量、排出的粪便量也多，非常容易造成水质受污染。对于田面，草鱼粪便是不足为虑的，一方面是因为粪便量少，另一方面是因为禾苗很快便能将其吸收。但是对于鱼沟、鱼凼来说，大量的草鱼集中在这儿进食、排粪，非常容易影响田间沟里的水质，因此要积极做好预防工作，不断清洁鱼沟、鱼凼，确保其水质达到养殖要求，发现鱼病要及时对症治疗。

2. 饲料投喂

1）鲫鱼投喂

鱼种放养后开始驯食。驯食越好，饲料在水中停留时间越短，饲料利用率越高。投喂饲料既可投喂豆饼、糠麸、玉米面等混合饲料，也可投喂颗粒饲料。在稻田养殖时，还是建议以颗粒饲料为主，根据鲫鱼的生长规格及气候变化、水温高低等因素综合决定投饵量。当水温超过15℃开始正常投喂，投饲量为鲫鱼体重的2%～3%，一般每天投两次，上午、下午各一次，上午8：00左右，下午16：00左右，每次各投总量的50%，在月投饲量确定的条件下，6～9月日投饲料次数可为4～6次。每日具体投饲量应根据水温、水色、天气和鱼类吃食情况而定。投饲坚持"四定"原则，即定时、定质、定量和定点。在鱼病季节和梅雨季节应控制投饲量。若撒投饲料，则采取"慢快慢"的节律，每次投喂 30 ~ 40min。

2）鲤鱼投喂

在鲤鱼投放的前五天内，一般不要投喂。鲤鱼可食稻田里的动植物、有机碎屑和落在田里的稻谷。五天后，田间杂草、萍类等已被鲤鱼吃完，就要补充投喂农家饲料，农家饲料主要有麦麸、米糠、精饲料，以及木薯叶、甘蔗叶、青菜叶、青草或绿萍等青饲料（梁凌云和吴一桂，2017）。

3）草鱼投喂

（1）天然饵料的培育：由于草鱼是草食性鱼类，可以适当地在稻田里引入浮萍等浮游植物，同时在培育草鱼种时，可以通过施肥培育稻田里的水蚤等饵料生物来供草鱼种摄食。

（2）人工饵料的投喂：稻田养殖草鱼种尽管可以充分利用稻田中各种丰富的饵料资源培育鱼种，同时鱼类粪便又可肥田肥水，但这并不是说稻田养鱼可以不投喂就能使鱼类快速生长。相反，要想鱼稻双增，必须加强精细投喂，投喂饲料要充足。

稻田养草鱼可以投喂各种饲料，草料要新鲜可口，浮萍、青菜、青草或糠麸均可，另外谷子、麦子、玉米发芽后也可投喂草鱼。如果养殖规模较大，必须投喂全价配合饲料。要求饲料中蛋白质的含量要达到 35% 以上，每天投饲量为稻田中鱼体总重量的 3% ~ 5%。如果使用农家现有资源自配混合饲料，最好将其加工成颗粒投喂。在投喂上讲求"四定"精细投喂原则，即定时、定量、定质、定点，先喂草料、后喂精料。常规情况下每天投喂 2 次，时间分别在上午 8：00 ~ 9：00 和下午 15：00 ~ 16：00。一般鱼类在 25℃以上时生长最快，此时应加大投喂量；在阴雨、闷热等恶劣天气时要减少或停止投喂。投喂时注意观察鱼类摄食情况，以此相应调整投喂量和投喂次数。精细投喂可促使鱼类快速、健康生长，增重快，产量高，相应提高稻田养鱼综合效益（王文彬，2019b）。

3. 病虫害防控

1）鱼类敌害与疾病防控

（1）敌害防除：稻田养鱼时，要注意防止鱼类天敌对鱼类的捕食，鱼类敌害主要有水鸟、水蛇、水蜈蚣等，需加强田间管理，既要防止鱼类敌害进入稻田内，也要在稻田内主动捕杀它们，以减少对鱼类的伤害，减少损失。在少数地区，鼠害是稻田养鲤失败的原因，需加强防治。

（2）疾病防治：坚持"以防为主，防重于治"和"无病早防，有病早治"的方针，定期做好清洁卫生、工具消毒、食场消毒、饲料消毒、鱼溜和鱼沟消毒、全田泼洒药物和投喂药饵、水质调节和药物预防等工作，避免鱼病暴发。

鲫鱼生长期间半个月左右使用 1 次生石灰（比如每亩用 15kg 左右）、漂白粉或强氯精，轮换全池施用，以防治病毒性、细菌性鱼病；对车轮虫、小瓜虫、粘孢子虫等寄生虫鱼病则用杀虫剂加以防治（郭海燕等，2022）。

稻田放养鲤鱼，一般很少会发病，若一旦发现鱼病就要及时诊断和治疗，以免传染而造成经济损失。当稻田的水温达到 15℃以上时，水中病原开始危害鱼类，易发生鱼病。主要鱼病有赤皮病、烂鳃病、细菌性肠炎、寄生虫性鳃病等。鲤鱼生长期间一般每半个月向田里撒一次干燥、纯净的草木灰，每次每亩撒 3 ~ 5kg，撒在边沟和十字深沟里即可；或每半个月泼洒一次 EM 菌水溶液，每次每亩泼洒 800 ~ 1000mL，稀释 15 ~ 20 倍后，泼洒在边沟和十字深沟里。在高温季节，每半个月用 10 ~ 20mg/L 的生石灰或 1mg/L 的漂白粉沿鱼沟、鱼坑均匀泼洒一次（可预防细菌性和寄生虫性鱼病）。用土霉素或大蒜拌料投喂，预防肠炎。

草鱼在稻田里的疾病主要有烂鳃病、赤皮病、肠炎，以及草鱼暴发性鱼病。尤其是夏季高温，水中各种生物生长旺盛，草鱼鱼病的发病率较高。在鱼病流行的高峰季节，要重点抓好以下 3 项工作：

（1）全田泼洒药物：每立方米水体用 90% 晶体敌百虫 0.5g 可杀灭锚头鳋、环虫、鱼鲺、水蜈蚣、剑水蚤、中华鳋、三代虫、鲤嗜子宫线虫等。每立方米水体用硫酸铜 0.5g、硫酸亚铁 0.2g，可杀灭车轮虫。

（2）投喂药饵：预防草鱼的肠炎时，可采用投喂药饵的方式来进行，具体方法是每 100kg 鱼用大蒜头 0.5kg，捣碎，加盐 0.2kg，拌麦麸、面粉投喂。

（3）生态防病：光合细菌、利生素、芽孢杆菌等可作为水质净化剂，它们能有效地降低稻田尤其是田间、沟里水中的铵态氮含量，同时对调节水质有重要作用，使水质达到良好的养鱼要求，并有效预防鱼病。

2）水稻病虫害防治

（1）水稻施用农药应选择对口、高效、对鱼类毒性小、药效好且使用方便的农药，如敌百虫等，禁止使用对鱼类毒性大的农药。农药剂型方面，多选用水剂，不用粉剂，不使用除草剂和杀螺剂，不然会伤害鱼类。若有稻飞虱、稻纵卷叶螟、钻子虫、纹枯病、稻瘟病等病虫危害，可选用"杀虫不毒鱼""蓝北斗""苦参碱""藜芦碱""井冈霉素""噻菌铜"等高效低毒农药进行防治，这些农药既能防病杀虫，又不伤害鱼类。

（2）正确掌握农药的正常使用量和对鱼类的安全浓度，使用农药时保证鱼类的安全。

（3）注意施药方法，养鱼稻田在施药前，应疏通鱼沟，加深田水至 7 ~ 10cm，同时要把鱼集中在鱼坑后才能施农药。使用时间为早上 9：00 左右或下午 16：00 后，夏季高温宜在下午 17：00 以后使用。粉剂农药趁早晨稻禾沾有露水时施用；水剂、乳剂农药宜在晴天露水干后或在傍晚时喷药，可减轻对鱼类的毒害。喷药要把喷头向上射，做到细喷雾、迷雾，增加药液在稻株上的黏着力，避免农药淋到田水中。下雨前不要喷洒农药，以防雨水将农药冲入水中。施药时可以把稻田的进水口、出水口打开，让田水流动，先从出水口一端施，施到中间停一下，使被污染的田水流出去，再施下一半田，从中间施到进水口处结束。

（4）施药时要把握好药剂的量，一般一块田最好分两次以上施药，让鱼能避开药毒。施药时，要尽量避开鱼、鱼沟和鱼凼，减少农药直接与水位接触的面。施药过程中若发现有中毒死鱼，应该立即停止施药，并更换新水。

7.1.5 适时收获

在水稻成熟收获时即可捕捉鱼类，在捕捉时，首先要疏通鱼沟，夜间排水，缓慢地从排水口放水，让鱼随水流全部游到鱼沟或者鱼凼里，然后用鱼网捕起，最后将田间沟里的水全部抽干，进行人工捕捉，放在鱼篓或者木桶里。捕鱼宜在早晚进行。达到上市标准的鲤鱼即可上市，未达到上市标准的鲤鱼可暂时留在鱼凼或者水池中，留到第二年放养。若还有未进入鱼沟、鱼凼的，则灌水再重复排水一次。

7.1.6 技术要点

一是实施稻田生态改造。选择水源充足，注水、排水方便，水质无污染，不受洪水威胁，保水、保肥性能好的田块，枯水、漏水及严重草荒的稻田不宜选择。挖好鱼沟、鱼溜、鱼凼，做好稻田消毒施肥。

二是实施良种良法，宜选择耐肥力强、抗倒伏、抗病力强、品质优的水稻品种，按正常方式栽种，尽量不施药。

三是要科学种养，水沟的两侧搭建遮阳棚，根据水温天气等情况合理投喂饵料，注意疾病防控，水质变化，水沟内清洁卫生，排水口是否堵塞等情况的巡查。

7.2 稻鸭综合种养技术

稻田养鸭是一项综合型、环保型生态农业技术，即利用水稻土的特殊环境，在水稻无须治虫、除草的前提下，及时放养两批以上肉鸭，是生态型立体式种植与养殖相结合的配套技术。在稻田里不用化肥、农药，利用鸭子旺盛的杂食性和不间断的活动，吃掉稻田内的杂草并采食稻飞虱、叶蝉和各种螟蛾等害虫以及水生小动物，疏松土壤，形成的鸭粪肥田，生产出无公害的水稻（刘惠萍等，

2021）。同时，稻田生态系统为鸭子提供劳作、觅食、生活、休憩、运动的场所和大量的动植物饲料等。以田养鸭，以鸭促稻，使鸭和水稻共同生长，从而实现了稻鸭双丰收，大大提高了经济效益，形成绿色可持续发展。

7.2.1 共生田准备

1. 共生田选择

选择的稻田不但应排水方便、土质保水力强、浮游生物多、不受洪水威胁，还应做好绿肥后期培育管理，为共育稻田备足有机肥，以便在稻–鸭共育时，有足够的养分供应，以保证水稻健壮生长。发生过鸭瘟或带传染病的鸭子走过的稻田，以及被矿物油污染的稻田，不能用来养鸭（蒋欣彤和马平焕，2021）。

2. 共生田改造

（1）做好防逃工作：每亩稻田准备尼龙网或遮阳网 2.5kg 左右，不规则稻田和狭长稻田应准备多些。在稻田的四周用三指尼龙网围成防逃圈，围网高80 ～ 100cm，网眼大小以 10 日龄以上鸭子钻不出为宜，同时也是为防止黄鼠狼、猫、狗等进入，每隔 1.5 ～ 2.0m 设一支撑杆（刘惠萍等，2021）。

（2）建设鸭舍：在稻田的一角按每 10 只鸭占地 1m² 的规格建一鸭舍，舍顶须遮盖，以避免日晒雨淋，并将鸭舍四周围好，只留 50cm 宽的小门朝向稻田的中心位置，要使空旷地带能独立成场，并且整体高度不小于田埂（刘惠萍等，2021）。舍底用木板或竹板平铺，舍下挖一个 2 倍于鸭舍面积大小的水凼，凼深50 ～ 60cm。稻鸭共栖，放鸭有很长一段时间在炎热的夏天，因此，鸭舍在防止鼠害的基础上，应保持通风，并设置一些遮阴树枝或小凉棚。田间沟应满水，让鸭多下水，起到防暑、降温的作用。鸭舍、食盒须保持清洁，鸭舍可用 2% 的生石灰水消毒，食盒须用 25% 的苏打水消毒（李想和薛翠云，2017）。

（3）开挖田间沟：稻田间开挖宽 35cm、深 30cm 的田间沟若干条，在放鸭期间始终满水，供鸭子在稻田间活动。

7.2.2 水稻种植

1. 品种选择

适合养鸭的水稻品种一定要茎秆粗壮，株高中上，叶片坚挺，具有较强分蘖能力；植株集散要适中，因为鸭子在稻田间活动，如果植株太密就容易造成稻茎的折断，影响水稻的生长。因此，在选择水稻品种时要尽可能选择抗逆性好（包括抗倒伏、抗稻瘟病等）的优质品种，如'两优培九''协优9308''中浙优1号'等。

2. 播期选择

单季稻，可于5月上旬播种育苗，6月上旬移栽。双季稻，要根据当地的气温和水温条件，适当提前育秧。

3. 种植密度

于秧龄25d左右移栽，大田移栽前每亩基施腐熟有机肥2000kg、三元复合肥12～18kg。为了有利于鸭在稻间活动，行株距以23cm×20cm为宜，每丛插1～2棵杂交稻或4～5棵常规稻（刘惠萍等，2021）。

7.2.3　共生对象的饲养

1. 鸭种选择标准

为避免鸭吃秧苗和压苗，根据水稻的生长环境，雏鸭选择生活力、适应力、抗逆性均较强的中小型优良鸭品种，如滨湖麻鸭、建昌鸭等，另外，全生育期较短的西湖绿头野鸭、吉安红毛鸭、山麻鸭或觅食力强的绍兴麻鸭等也是不错的选择（卢太晏等，2019）。有条件的可选择野鸭和家鸭的杂交种，养殖效果较好。这些鸭种能适应水稻栽培的特点，在稻田中能自由穿行（刘惠萍等，2021）。对鸭种的其他要求：成熟早、觅食强、抗病好、适应强、肉质优、成活率和回捕率高，符合以上要求的鸭既适宜在早、晚稻田中放养，又适宜在单季晚稻田中放养。

2. 典型鸭种

（1）吉安红毛鸭：吉安红毛鸭体型短圆、颈粗短。公鸭大小适中，前胸宽，胸肌发达。母鸭眼大突出、明亮，胸肌发达。吉安红毛鸭遗传性能稳定，生产性能良好，耐粗饲，觅食力强，肉嫩，瘦肉率高，羽毛生长与体重增长同步，是加工板鸭的优质原料。据调查，以放牧为主的吉安红毛鸭，饲养80～90d，体重可达1000～1150g，其间补喂稻谷3～4kg，在板鸭场育肥28d，体重达1350～1400g（消耗稻谷4kg），达到板鸭加工要求。吉安红毛鸭开产日龄112d，产蛋率达5%的日龄为134d，产蛋率达50%的日龄为186d，成年母鸭平均体重1450g。吉安红毛鸭适合农村各种方式的饲养，对稻田生态养殖具有明显的适应性。

（2）山麻鸭：山麻鸭原产于福建龙岩地区，是我国优良蛋鸭品种之一。公鸭胸宽背阔，体躯较长，喙黄绿色，胫、蹼橘红色，背部羽毛灰褐色，腹部灰白色。母鸭身体细长、匀称紧凑，站立和行走时躯干与地面呈 45° 以上，头较小，喙呈古铜色、虹彩褐色，胫、蹼橘红色，通体麻褐色。据安徽省农业科学院畜牧兽医研究所测定，公母鸭平均初生体重 42.78g，4 周体重 553.10g，90 日龄体重 1330g，72 周龄（504 日龄）体重 1515g。成年公鸭体重 1300g，成年母鸭体重 1500g。母鸭 120 日龄左右开产，500 日龄产蛋 280 ~ 300 枚。山麻鸭开产早，产蛋率高，适应性广，适合农村各种方式养殖，是稻田养殖的主要品种之一。

7.2.4　大田管理

1. 日常管理

（1）施肥：水稻移栽前一次性施足底肥，以腐熟的长效有机肥、农家肥为主，施肥量视土质优劣而定，一般每亩不少于 2000kg；追肥少施有机肥，以鸭排泄物还田肥土为主。一般移栽后 7d，雏鸭入田之前每亩施尿素 8kg，促进稻苗早发棵；稻株进入分蘖高峰期，以促进生育平衡发展为中心，确保群体协调、苗足株健（吴俊等，2017）。稻株进入孕穗、齐穗期，以提高成穗率为中心，田间经常保持水层，除缺肥田块看苗补施适量氮肥、钾肥外，主要靠鸭的活动刺激生育，鸭的排泄物、腐烂的绿萍可作为后期有机肥料，促使幼穗发育良好，成穗率达 85% 左右，为穗大、粒多打下良好的基础。

（2）科学管水：鸭属水禽，其在稻田觅食活动期间，田面要有 3 ~ 6cm 浅水层，以不露泥为好，使鸭脚能踩到表土的水层，以利于鸭脚踩泥搅混田水，起到中耕松土，促进水稻根、蘖生长发育的作用。田间沟要挖得深些，解决鸭在田内饮水和觅食等需要。

（3）做好病虫草害治理：共育期稻间害虫防治主要靠鸭捕食为主，一般不用药剂防治，若危害严重，可辅以高效、低毒、低残留的农药或生物农药予以防治。稻田施药期间，应及时收鸭起田，待安全间隔期后，再下田放鸭。稻田施药安全间隔期内，鸭子饮用水与稻田水应分开，防止鸭中毒和鸭产品污染。杂草靠鸭啄食和踩踏为主，并辅以人工除草，一律不施用除草剂（刘惠萍等，2021）。

2. 饲料投喂

（1）进行采食训练：鸭在育雏期间没有养成放牧的习惯，下田前应进行采食训练。稻田放鸭，鸭主要采食稻田里的杂草、昆虫和水生动物等食物。先调教鸭采食落地谷子，然后将谷子撒入浅水中，让鸭去啄食，多次后形成条件反射，此后将鸭放入稻田中，其会主动寻找食物。

（2）补充精饲料：放养稻田可有目的地栽植如浮萍、绿萍之类的水生植物，增加鸭的采食品种与数量。放养前的鸭按常规方式进行饲养，稻田放养后的鸭需补充精饲料。白天让鸭在稻田觅食，晚上回到棚舍时应补充精饲料让鸭自由采食，这是为了给鸭提供辅助营养，加快鸭的生长速度。可采用定时饲喂方式，控制饲料的摄入量，辅料以碎米、米糠、小麦为主，或者用玉米加鱼粉的混合饲料，也可用成鸭的配合饲料。各种营养成分补充料的参考比例为：玉米 40%，麦麸 25%，稻谷 10%，豆饼 15%，鱼粉 5%，滑石粉 2%，碳酸钙 2.5%，食盐 0.5%。雏鸭早、晚各补料 1 次，补料原则为"早喂半饱晚喂足"。喂量以稻田内的杂草、水生小动物的量而定。杜绝用发霉、发臭的饲料及发臭、生蛆的动物饲料喂养。还有一个技巧值得关注，就是结合治虫进行放鸭。先摸清虫情，如虫害较重时，减少补料，让鸭处于半饥饿状态，使其大量采食害虫，充分发挥防治害虫的目的（李想和薛翠云，2017）。

3. 病虫害防控

根据水稻播种计划，提前一周做好鸭种的订购工作，选择 15 ~ 20 日龄的壮鸭。苗鸭 1 ~ 3 日龄要注射鸭病毒性肝炎油乳剂疫苗，放养前皮下注射鸭瘟疫苗，从而提高雏鸭的抗病能力，提高成活率。应在饲料中添加一些抗生素（如诺氟沙星等），也可在饲料中添加一定量的具有抗病毒特性的中成药（如黄芪多糖粉、金蟾宁等）（刘惠萍等，2021）。

定期查看鸭子的生长状态，一旦发现病死鸭，必须立即隔离治疗或无害化处理（刘惠萍等，2021）。根据疫情和病情，及时注射疫苗，一般在放入稻田前注射鸭瘟疫苗，之后不再注射疫苗，但有条件的最好在 60 ~ 90 日龄时结合水稻治虫进行隔离的间歇，注射第二次鸭瘟疫苗和禽霍乱疫苗，或者预防治疗。

稻田养鸭为开放性饲养，鸭容易感染疫病和传播疫病，应注重防疫工作。在稻田里养鸭时，需要防治的疫病及其防治方法主要有以下几种（沈晓昆，2003）。

（1）鸭瘟：对于肉鸭，在 7 日龄时，肌肉注射鸡胚化弱毒苗，用量为 0.2 ~ 0.5mL/羽，7 天后可产生抗体，并保护肉鸭至上市。

（2）鸭病毒性肝炎：1 ~ 3 日龄雏鸭，颈皮下注射鸡胚化弱毒苗，用量为 0.5mL/只，2 天后产生抗体，5 天达到高水平。

（3）鸭霍乱：鸭霍乱的疫苗为禽巴氏杆菌苗，如 731 弱毒菌苗，接种 2 日龄以上的鸭群，免疫期达三个半月。禽霍乱氢氧化铝胶苗，可用于 2 月龄以上的鸭群，每只鸭肌肉注射 2mL，间隔 10 天再注射一次，免疫期为 3 个月。禽霍乱油乳剂灭活苗，用于 2 个月以上的鸭群，每只鸭皮下注射 1mL，免疫期为 6 个月（李松龄等，2006）。

7.2.5　适时收获

当水稻稻穗灌浆后,随着穗重的增加,慢慢地会变得穗弯下垂,这是由于稻穗上的谷粒将要成熟变得饱满,为鸭子所喜食,鸭群在这个时期会频频食用稻穗上的谷粒,所以要及时把长足的鸭子个体赶出稻田,避免造成水稻损失,同时要将长得足够大的公鸭上市作肉鸭出售,青年母鸭可以转移到已经收割的稻田继续放养,生产优质鸭蛋。稻谷充分成熟(籽粒饱满后)再收获,稻谷成熟度达到85%~90%时(即85%~90%谷粒黄化时)收割(刘惠萍等,2021)。

7.2.6　技术要点

养鸭的稻田必须升级改造,加高加固田埂,设置遮阳网等禽类防逃设施,养殖的禽类品种尽量选择赤麻鸭和水鸭,生长快,抗病性强、肉质细嫩,养殖6~7个月便可出售。在遮阳棚对应食台的位置处设置黑光灯,利用黑光灯引诱稻田害虫,为禽类提供所需的食物,减少禽类的人工饲养。同时,为了保证禽类的存活率,除了每天早晚投食,还要做好禽类疫病防控。

7.3　稻虾综合种养技术

稻虾综合种养系统养殖小龙虾是现在比较流行的一种小龙虾套养模式。在原有稻田的基础上,只需要进行简单的改造,即可养殖,大大降低了养殖小龙虾的门槛,所以近些年广为流行。小龙虾可以吃掉稻田中消耗肥料的野杂草和其他水生生物,不仅节省除草的劳动力,还能消灭蚊蝇幼虫。并且虾在稻田里不停地行动、觅食,不仅能帮助稻田松土、活水、通气,增加水田的溶氧量,同时通过新陈代谢排出大量粪便,起到保肥、增肥的效果(郭冲,2012)。

7.3.1　共生田准备

1.共生田选择

不是所有稻田都适合养小龙虾,养殖小龙虾的稻田需要满足以下几个条件。

(1)水源:水源要充足,水质良好,雨季水多不漫田,旱季水少不干涸,排灌方便,无有毒污水和低温冷浸水流入,农田水利工程设施要配套,有一定的灌排条件。

(2)土质:土质要肥沃,由于黏性土壤的保持力强,保水力也强,渗漏力小,这种稻田是可以用来养小龙虾的。而矿质土壤、盐碱土以及渗水漏水、土质瘠薄的稻田均不宜养小龙虾。

（3）面积：稻田面积少则十几亩，多则几十亩、上百亩都可以，面积大的比面积小的更好（高光明和陈昌福，2019）。

2. 共生田改造

1）开挖虾沟

开挖虾沟是科学养小龙虾的重要技术措施，稻田因水位较浅，夏季高温对小龙虾的影响较大，因此必须在稻田四周开挖环形沟。面积较大的稻田，还应开挖"田"字形或"川"字形、"井"字形的田间沟。环形沟距田间 1.5m 左右，环形沟上口宽 3m，下口宽 0.8m；田间沟沟宽 1.5m，深 0.5 ~ 0.8m。虾沟可防止水田干涸，并作为晒田、施追肥、喷农药时小龙虾的退避处，还是夏季高温时小龙虾栖息、隐蔽的场所，沟的总面积占稻田面积的 8% ~ 10%（高光明和陈昌福，2019）。

2）加高加固田埂

为了保证养小龙虾的稻田达到一定的水位，增加小龙虾活动的立体空间，须加高、加宽、加固田埂，可将开挖环形沟的泥土垒在田埂上并夯实（刘福林与何贤明，2013），确保田埂高 1.0 ~ 1.2m、宽 1.2 ~ 1.5m，并打紧夯实，要求做到不裂、不漏、不垮，在满水时不能崩塌跑虾（李宗群等，2017）。

3）防逃设施

防逃设施有多种，常用的有两种：第一种是安插高 55cm 的硬质钙塑板作为防逃板，埋入田埂泥土中约 15cm，每隔 75 ~ 100cm 处用一木桩固定（李宗群等，2017）。注意四角应做成弧形，防止小龙虾沿夹角攀爬外逃。第二种是采用网片和硬质塑料薄膜共同防逃，在易涝的低洼稻田主要以这种方式防逃，将高 1.2 ~ 1.5m 的密网围在稻田四周，在网内面距顶端 10cm 处再缝上一条宽 25 ~ 30cm 的硬质塑料薄膜即可。稻田开设的进水口、排水口应用双层密网防逃，同时这种网能有效防止蛙卵、野杂鱼卵及幼体进入稻田危害蜕壳小龙虾。为了防止夏天雨季堤埂被冲毁，稻田应设一个溢水口，溢水口也使用双层密网，防止小龙虾逃走。

4）放养前的准备工作

及时杀灭敌害，可用鱼藤酮、茶粕、生石灰、漂白粉等药物杀灭蛙卵、鳝、鳅及其他水生敌害和寄生虫等。

种植水草，营造适宜的生存环境。在环形沟及田间沟种植沉水植物如聚草、苦草、水花生等，并在水面上养漂浮水生植物，如芜萍、紫背浮萍、凤眼莲等。

培肥水体，调节水质。为了保证小龙虾有充足的活饵供取食，可在放种苗前一个星期施有机肥（常用的有机肥包括干鸡粪、猪粪等），并及时调节水质，确保养小龙虾的水质符合肥、活、嫩、爽、清的要求。

5）施足基肥

每亩施用农家肥 200 ~ 300kg、尿素 10 ~ 15kg，将其均匀撒在田面并用机器翻耕耙匀（李宗群等，2017）。

7.3.2　水稻种植

1. 品种选择

养小龙虾的稻田一般只种一季稻，水稻品种要选择株型紧凑、茎秆粗壮、综合抗性强、米质优，抗倒伏且耐肥的紧穗型品种，目前常用的品种有汕优系列、协优系列等，如'Ⅱ优 63''D 优 527''两优培九''丰两优一号''黄华占'等（许建敏等，2019）。

2. 播期选择

一季稻秧苗一般在 5 月中旬开始移植，采取条栽与边行密植相结合、浅水栽插的方法，养小龙虾稻田宜提早移植 10d 左右。

3. 种植密度

建议移植采用抛秧法，要充分发挥宽行稀植和边坡优势的技术，移植密度以 30cm × 15cm 为宜，确保小龙虾生活环境通风透气性能好（李宗群等，2017）。

7.3.3　共生对象的饲养

1. 放养准备

放小龙虾前 10 ~ 15d，清理环形虾沟和田间沟，除去浮土，修整垮塌的沟壁，每亩稻田用生石灰 20 ~ 50kg，或选用其他药物，对环形虾沟和田间沟进行彻底清沟消毒，杀灭野杂鱼类、敌害生物和致病菌。小龙虾放养前 7 ~ 10d，稻田中注水 30 ~ 50cm，在沟中每亩施放畜禽粪肥 800 ~ 1000kg，以培肥水质。

2. 移栽水生植物

环形虾沟内栽植轮叶黑藻、金鱼藻、眼子菜等沉水性水生植物，在沟边种植空心菜，在水面上浮植水葫芦等。但要控制水草的面积，一般水草占环形虾沟面积的 40% ～ 50%，以零星分布为好，不要聚集在一起，这样有利于虾沟内水流畅通。

3. 放养时间

不论是当年虾种，还是抱卵的亲虾，都应力争早放。早放既可延长小龙虾在稻田中的生长期，又能充分利用稻田施肥后所培养的大量天然饵料资源。常规放养时间一般在每年 10 月或翌年的 3 月底。也可以采取随时捕捞、及时补充的放养方式（李宗群等，2017）。

4. 放养密度

每亩稻田按 20 ～ 25kg 抱卵亲虾放养，雌雄虾比例为 3 ∶ 1。也可待翌年 3 月放养幼虾种，每亩稻田按 0.8 万 ～ 1.0 万尾投放。注意抱卵亲虾要直接放入外围大沟内饲养越冬，秧苗返青时再引诱虾入稻田生长。在 5 月以后随时补放，以放养当年人工繁殖的稚虾为主。

5. 放苗操作

在稻田放养虾苗，一般选择晴天早晨、傍晚或阴雨天进行，这时天气凉爽、水温稳定，有利于放养的小龙虾适应新的环境。放养时，沿沟四周多点投放，使虾苗在沟内均匀分布，避免因过分集中，引起虾苗缺氧窒息死亡（袁娇等，2021）。小龙虾在放养时，要注意幼虾的质量，同一田块放养规格要尽可能整齐，放养时一次放足。

6. 亲虾的放养时间

从理论上来说，只要稻田内有水，就可以放养亲虾，但从实际的生产情况对比来看，放养时间在每年的 8 月上旬到 9 月中旬的产量最高。一方面是因为这个时间段的温度比较高，稻田内的饵料生物比较丰富，为亲虾的繁殖和生长创造非常好的条件；另一方面是亲虾刚完成交配，还没有抱卵，投放到稻田后刚好可以繁殖出大量的小虾，到翌年 5 月就可以长成成虾。如果推迟到 9 月下旬以后放养，有一部分亲虾已经繁殖，在稻田中繁殖出来的虾苗的数量相对就要少一些。

由于亲虾放养与水稻移植有一定的时间差，因此暂养亲虾是必要的。目前常用的暂养方法为网箱暂养及田头土池暂养。网箱暂养时间不宜过长，否则亲虾会折断附肢，而且互相残杀现象严重，因此建议在田头开辟土池暂养，具体方法是亲虾放养前半个月，在稻田田头开挖一条面积占稻田面积 2% ～ 5% 的土池，用于暂养亲虾。待秧苗移植一周且禾苗成活返青后，可将暂养池与土池挖通，并用微流水刺激, 促进亲虾进入大田生长, 此法通常被称为稻田二级养虾法。利用此种方法可以有效地提高小龙虾成活率, 也能促进小龙虾适应新的生态环境 (李宗群等, 2017)。

7.3.4　大田管理

1. 日常管理

1) 水位调节

水位调节, 是稻田养小龙虾过程中的重要一环, 应以稻为主。小龙虾放养初期, 田水宜浅, 保持在 10cm 左右, 但因小龙虾不断长大, 水稻的抽穗、扬花、灌浆均需大量水, 因而可将田水逐渐加深到 20 ~ 25cm (高光明和陈昌福, 2019), 以确保小龙虾和水稻的需水量。在水稻有效分蘖期应采取浅灌, 保证水稻的正常生长; 进入水稻无效分蘖期, 水深可调节到 20cm, 既增加小龙虾的活动空间, 又促进水稻的增产。同时, 还应注意观察田沟水质变化, 一般每 3 ~ 5d 加注一次新水; 盛夏季节, 每 1 ~ 2d 加注一次新水, 以保持田水清新。

2) 科学施肥

养小龙虾的稻田一般以施基肥和腐熟的农家肥为主, 可促进水稻稳定生长, 保持中期不脱力、后期不早衰、群体易控制, 每亩可施农家肥 300kg、尿素 20kg、过磷酸钙 20 ~ 25kg、硫酸钾 5kg。放小龙虾后一般不施追肥, 以免降低田中水体溶解氧, 影响小龙虾的正常生长。如果发现脱肥, 可追施少量尿素, 每亩不超过 5kg。施肥的方法如下: 先排浅田水, 让虾集中到虾沟中, 然后再施肥, 这样做有助于肥料迅速沉积于底泥中并被田泥和禾苗吸收, 随即加深田水到正常深度。也可采取少量多次、分片撒肥或根外施肥的方法。禁止使用对小龙虾有害的化肥如氨水、碳酸氢铵等。

3) 科学施药

稻田养小龙虾能有效抑制杂草生长, 小龙虾摄食昆虫, 可降低病虫害, 所以要尽量减少除草剂及农药的施用。小龙虾入田后, 若再发生草荒, 可人工拔除。如果确因稻田病害或小龙虾病害严重需要用药时, 应掌握以下几个关键点:

(1) 科学诊断, 对症下药。

(2) 选择高效、低毒、低残留农药。

(3) 由于龙虾是甲壳类动物, 也是无血动物, 对含磷药物、菊酯类药物、拟菊酯类药物特别敏感, 因此慎用敌百虫、甲胺磷等药物, 禁用敌杀死等药物。

(4) 喷洒农药时, 一般应加深田水, 降低药物浓度, 减少药害, 也可放干田水再用药, 待 8h 后立即上水至正常水位。

（5）粉剂药物应在早晨露水未干时施用，水剂和乳剂药应在下午喷洒。

（6）降水速度要缓慢，等小龙虾爬进鱼沟后再施药。

（7）可采取分片分批的用药方法，即先施稻田一半，过两天再施另一半，同时尽量要避免农药直接落入水中，保证小龙虾的安全。

4）科学晒田

水稻在生长发育过程中的需水情况是在变化的，养小龙虾的水稻田，小龙虾需水与水稻需水是主要矛盾。田间水量多，水层保持时间长，对小龙虾的生长是有利的，但对水稻生长却不利。农谚对水稻用水进行科学的总结，那就是"浅水栽秧、深水活棵、薄水分蘖、脱水晒田、复水长粗、厚水抽穗、湿润灌浆、干干湿湿"。因此有经验的老农常常会采用晒田的方法来抑制无效分蘖，这时的水位很浅，这对养殖小龙虾是非常不利的，因此做好稻田的水位调控工作是非常有必要的。生产实践中总结的经验是"平时水沿堤，晒田水位低，沟溜起作用，晒田不伤虾"。晒田前，要清理鱼沟、鱼溜，严防鱼沟阻隔与淤塞。晒田总的要求是轻晒或短期晒，晒田时，沟内水深保持为 13 ~ 17cm，使田块中间不陷脚，田边表土不裂缝、不发白，以见水稻浮根泛白为适度。晒好田后，及时恢复原水位。尽可能不要晒得太久，以免小龙虾缺食太久影响生长（高光明和陈昌福，2019）。

5）加强其他管理

其他的日常管理工作必须做到勤巡田、勤检查、勤研究、勤记录。坚持早晚巡田，检查虾的活动、摄食水质情况，决定投饵、施肥数量。检查堤埂是否塌漏，拦虾设施是否牢固，防止逃虾和敌害进入。检查鱼沟、鱼窝，及时清理，防止堵塞。检查水源水质情况，防止有害污水进入稻田。要及时分析存在的问题，做好田块档案记录（高光明和陈昌福，2019）。

2. 饲料投喂

首先通过施足基肥，适时追肥，培育大批枝角类、桡足类，以及底栖类生物，同时在 3 月还应放养一部分螺蛳，每亩稻田 150 ~ 250kg，并移栽足够的水草，为小龙虾生长发育提供丰富的天然饲料（李宗群等，2017）。在人工饲料的投喂上，一般情况下，按动物性饲料 40%、植物性饲料 60% 来配比。投喂也要实行定时、定点、定量、定质投饵。早期每天上、下午各投喂一次，后期在傍晚 6 点左右投喂。投喂饵料品种多为小杂鱼、螺蛳肉、河蚌肉、蚯蚓、动物内脏、蚕蛹，配喂玉米、小麦、大麦粉。还可投喂适量植物性饲料，如水葫芦、水芜萍、水浮萍等。日投喂饲料量为虾体重的 3% ~ 5%。平时要检查虾的吃食情况，当天投喂的饵料在 2 ~ 3h 内被吃完，说明投饵量不足，应适当增加投饵量，如果在第二天还有剩余饵料，则投饵量要适当减少。

3. 病虫害防控

小龙虾的病害采取"预防为主"的科学防病措施。常见的敌害有水蛇、老鼠、黄鳝、泥鳅、鸟等，应及时采取有效措施驱逐或诱灭之。在放养小龙虾初期，稻株茎叶不茂盛，田间水面空隙较大，此时小龙虾个体也较小，活动能力较弱，逃避敌害的能力较差，容易被敌害侵袭。同时，小龙虾每隔一段时间需要蜕壳生长，在蜕壳或刚蜕壳时，最容易成为敌害的适口饵料。到了收获时期，由于田水排浅，小龙虾有可能到处爬行，目标会更大，易被鸟、兽捕食。对此，要加强田间管理，并及时驱捕敌害，有条件的可在田边设置一些彩条或稻草人，恐吓、驱赶水鸟。另外，当小龙虾被放养后，还要禁止家养鸭子下田沟，避免损失（李宗群等，2017）。

7.3.5　适时收获

稻谷收获一般采取收谷留桩的办法，然后将水位提高至 40～50cm，并适当施肥，促进稻桩返青，为小龙虾提供庇荫场所及天然饵料来源。稻田养小龙虾的捕捞时间在 4～9 月，主要采用地笼捕捉（李宗群等，2017）。

7.3.6　技术要点

稻田养虾的主要技术要点如下：

（1）稻田应选择在排水比较方便，水源充足，水质良好，保水性能较好的田块。有条件的地方，则集中连片更佳，以便管理。

（2）养虾稻田应开挖环沟形或"田"字形田间工程。同时，每块稻田都要建立进排水系统，进水口要用密网过滤防止野杂鱼进入。

（3）水稻品种要选择具有茎秆坚硬、耐肥力强、不易倒伏、抗病力强的早熟单季或单季杂交晚稻品种。

（4）在稻田放养虾苗，应力争早投种。一般选择晴天早晨、傍晚或阴雨天进行，这时天气凉爽、水温稳定，有利于放养的小龙虾适应新的环境，虾苗在四周环沟内均匀放养。

（5）虾苗放养后投饲饲料应实行定时、定点、定量、定质投饵。投喂饵料品种多为小杂鱼、螺蛳肉、河蚌肉、蚯蚓、动物内脏、蚕蛹，配喂玉米、小麦、大麦粉。还可投喂适量植物性饲料，如水葫芦、水芜萍、水浮萍等。日投喂饵料量为虾体重的 3%～5%。

（6）稻田养虾时要注意科学晒田、科学施肥、科学施药，防止小龙虾的生存环境遭到严重破坏及受化肥农药的毒害作用（李宗群等，2017）。

7.4　稻鳖综合种养技术

在稻田里养鳖是一种具有良好的经济效益、生态效益和社会效益的生态型种养方式，是一条生态循环的新路子。鳖捕食田间害虫，可极大地减少农药的使用量；鳖的粪便又是水稻的良好肥料，可减少化学肥料的使用量，使生产的水稻达到无公害绿色标准。在稻田里养鳖是一种低碳和资源节约型的生产方式，能够有效提升土地的产出效率和经济效益。利用稻田养鳖，不仅能提高农田的利用率、充分利用自然资源、使农民增产增收，而且鳖可为稻田疏松土壤、捕捉害虫，能有效减轻农业污染，因此在稻田里养鳖是一种非常高效的稻田生态种养模式，值得推广。

稻田养鳖是一种动物、植物在同一生态环境下互生互利的养殖新技术，是一项稻田空间再利用措施，不占用其他土地资源，可节约鳖饲养成本、降低田间害虫危害、减少水稻用肥量，不但不影响水稻产量，而且极大地提高单位面积的经济效益，可以有效促进水稻丰收及鳖增产，高产高效，增加农民收入。稻田里养鳖充分利用稻田中的空间资源、光热资源、天然饵料资源，是种植业和养殖业有机结合的典范（韩忠良和蒋东，2001）。

7.4.1　共生田准备

1. 共生田选择

适宜的田块是稻田养鳖高产高效的基本条件，要选择地势较低洼，注水、排水方便，面积为 5 ~ 10 亩的连片田块。水源是养鳖的物质基础，要选择水源充足、水质良好无污染、排灌方便、不易遭受洪涝侵害且旱季有水可供的地方进行稻田养鳖，在沿湖、沿河两岸的低洼地、滩涂地或沿库下游的宜渔稻田均可。要求进水与排水有独立的渠道，与其他养殖区的水源要分开（祝江华，2016）。

2. 共生田改造

放苗种前挖好沟、窝、溜，建好防逃设施。田间开几条水沟，供鳖栖息，夏秋季节，由于鳖的摄食量增大，残饵、排泄物过多，加上鳖的活动量大，沟、溜极易被堵塞，使内部水位降低，影响鳖的生长发育。为此，在夏、秋季节应每 1 ~ 2 天疏通一次沟溜，确保沟宽 40cm、深 30cm，溜深 60 ~ 80cm，沟面积占田面积的 20% 左右，并做到沟沟相通、沟溜相通。进水口、出水口应用铁丝网拦住。靠田中间建一个长 5m、宽 1m 的产卵台，此产卵台可用土围成，田边做成 45° 斜坡，台中间放上沙土，以利于雌鳖产卵。土质以壤土、黏土为宜。在稻田四周用厚实的塑料膜围成 50 ~ 80cm 高防逃墙。有条件的可用砖石筑矮墙，也可用石棉瓦等围成，原则上使鳖不能逃逸即可（祝江华，2016）。

7.4.2 水稻种植

1.品种选择

选好水稻品种是水稻丰收的保证，选择生长期较长、株型紧凑、茎秆粗壮、分蘖力中等、抗倒伏、抗病虫、耐湿性强、适性较强的水稻品种，常用的品种有汕优系列、武育粳系列、协优系列等。消毒后的种子要用清水清洗，再用 10℃ 的清水浸种 5d，每天换一次水，从而促进谷芽的快速萌发。在养鳖的稻田里，由于鳖的活动能力非常强，而且它自身的体重也比一般的蛙、虾要重得多，因此养鳖稻田秧苗的栽插时间与行距也有一定的讲究。

2.播期选择

育种通常采用水稻大棚育苗技术，待秧苗长到一定时间后，可采用机插或人工的方式进行移栽。

3.种植密度

水稻的种植密度与养殖鳖的规格有密切关系，如果是养殖商品鳖的稻田，亩插 6000 ~ 8000 丛，每丛 1 ~ 2 株，即每亩可栽培 10000 ~ 16000 株；如果是养殖稚鳖的稻田，亩插 4000 ~ 5000 丛，每丛 1 ~ 2 株，即每亩可栽培 5000 ~ 10000 株；如果是养殖亲鳖的稻田，亩插 3000 ~ 5000 丛，每丛 1 ~ 2 株，即每亩可栽培 4000 ~ 9000 株（张开礼，2019）。

养鳖稻田秧苗的栽插时间和其他稻田一样；品种应选择抗病力强、产量高的杂交稻或粳稻品种。栽插时，株距 13cm，行距须加大到 28cm，以便为鳖在秧苗中爬行活动提供方便。当水稻秧苗活棵后，田间水位应正常保持在 10cm 左右，高温季节还应加深至 12cm。

7.4.3　共生对象的饲养

1. 鳖苗种的选择

1）选购品种的确定

鳖的地理品系繁多，近年来又不断引进一些国外新品种，目前我国有近十个不同的地理品系供养殖。由于这些鳖中有许多品种的体貌、特征非常相似，而其生活习性、生长速度、繁殖量、产肉率、品味质量及综合价值极不相同，饲养后经济效益相差悬殊。因此，对同种异名、异种同名、体貌相近的鳖，要正确区分，防止假冒伪劣品种。还要注意的是一定要选择优质、高产、生命力强、适合当地饲养的品种，千万不能因鳖水土不服而造成损失（钟乐芳等，2001）。

2）鳖苗的来源

鳖苗首先应分级暂养。按大小分别寄养于稻田的一角或分成小块的稻田里，待其 10～15d 适应新环境后，将其放入大的稻田中；市场上买来的受伤小鳖苗和商品鳖，要单独饲养到其伤愈后再投放。

3）选择合法、证照齐全的单位

选择合法、证照齐全的单位去引种，不要通过来路不明的中间贩子来引种，只有合法的供种单位，才能确保引进的鳖品种纯正。引种时最好到供种厂家池子中直接捞取选购，不要引进种质不明、来路不清的品种，更不要引进假良种。

4）选择有繁育场地的单位

选择能提供高产质优鳖苗种和技术支持的单位，这些单位都有较好的固定生产实验繁殖基地，而且形成一定的规模，有较多的品种和较大的数量群体。千万不要到没有繁育能力的养殖场所引种。引种前最好亲自到引种单位去考察摸底。

5）选择技术有保证的供种单位

选择技术有保证的供种单位，要求供种单位对于购种中的不正常死亡、放养后的伤害和死亡、繁殖时雌雄搭配不当的鳖，都要能及时调换，同时可以为农户提供市场信息，进行相关的技术指导，这样的单位是可以信赖的。

6）苗种要健康

不论是哪里的品种，引进时一定要确保苗种健康，在引种前进行抽检并做病原检疫，不能将病原带进自己的养殖场。对于那些处于发病状态的鳖品种，即使性能再优良，也不要引进。

7）循序渐进地引种

如果不是本地苗种，确实是从外地引进的新的地理品系，甚至是从国外引进的新品种，在初次引进时数量要少些，在引进后做一些隔离驯养和养殖观察，只有经过论证后发现确实有养殖优势的，再大量引进；如果发现引进的品种不适应当地的养殖环境或者说引进的品种根本没有养殖优势，就不要再盲目引进。

8）尽量选择本地品种

相关研究发现养殖优势最明显的还是适应本地环境的本地品种。这是因为这些品种都是经过在本地生态环境中长期适应进化的最优品种，它们对本地环境的适应性、对本地温度的适应性、对本地天然饵料的适应性，都要比其他外来的品种要有优势。另外，它们对本地养殖过程中发生的病害的抵抗能力、后代的繁殖稳定性和本身形态及体色的稳定性，都是任何外来品种所无法比拟的。例如泰国鳖，此品种在泰国当地可以自然越冬养殖，而在我国只能在温室中养殖，却不能在野外进行自然越冬养殖（华南地区除外）；日本鳖虽然在生长速度上要比我国特产中华鳖（为本地土著品种）有明显的优势，但是它对水生环境的适应性比较特殊，到目前为止，我国许多地区日本鳖的成活率　直不高。

9）选购鳖的最佳时间

选购鳖的最佳时间是有讲究的，一般不宜选择在秋末、初冬或初春，因为这个时候正处于将要冬眠或冬眠后初醒状态，它的体质和进食情况不易掌握，成活率低。根据许多鳖养殖专家的经验，挑选鳖的时间宜在每年的 5 ~ 9 月，此时有部分稚鳖刚出壳，冬眠的鳖也已苏醒，正处于生长阶段，活动比较正常，而且活动量大，能主动进食，对温度、气候都非常适应，购买时可以很好地观察到鳖的健康状况，便于挑选，容易区分患病鳖。合适的鳖，是非常容易饲养的，而且这时的鳖对温度、气候、环境的适应能力都很强。

2. 选购健康的鳖

1）看鳖的反应

应选择反应灵敏、两眼有神、眼球上无白点和分泌物、四肢有劲、用手拉扯时不易拉出的鳖，这种类型的鳖都是优质鳖。

2）看鳖的活动

鳖活动时头后部及四肢伸缩自如，可用一根硬竹筷刺激鳖，让它咬住竹筷，用一只手拉竹筷，以拉长它的颈部，用另一只手在鳖的颈部仔细摸，颈部腹面应无针状异物。当把它翻过来腹甲朝上放置时，它应该会很快翻转过来。在其爬行时，四肢应能将身体支撑起来行走，而不是身体拖着地爬行，凡身体拖着地爬行的鳖不宜选购。

3）看鳖的进食与饮水

如果鳖能主动进食，会争食饵料，而且它们的粪便呈长条圆柱形、团状、深绿色，说明是优质鳖。在选购鳖时，可将鳖放入水中，若其长时间漂浮在水面或身体倾斜，而不能自由地沉入水底，这样的鳖是有病的，不宜选购。另外，也可将鳖放入浅水中，使水位达到鳖背甲高度的一半，观察鳖是否饮水，若其大量、长时间饮水，则为不健康的鳖。

4）掂体重

用手掂量鳖的体重，健康鳖放在手中是沉甸甸的较重的感觉，若感觉鳖体重较轻，则不宜选购。

5）查鳖的舌部

用硬物将鳖的嘴扒开，仔细查看它的舌部。健康的鳖，舌表面为粉红色，且湿润，舌苔的表面有薄薄的白苔或薄黄苔；不健康的鳖，舌表面为白色、赤红色、青色，舌苔厚，呈深黄色、乳白色或黑色。

6）看鳖的鼻部

健康的鳖，鼻部干燥而无龟裂，口腔四周清洁，无黏液；不健康的鳖，鼻部有鼻液流出，四周潮湿；患病严重的鳖，鼻孔出血。

7）看鳖的外表

主要是查看鳖的外表、体表是否有破损，四肢的鳞片是否有掉落，四肢的爪是否缺少。四肢的腋、胯窝处是否有寄生虫，肌肉是否饱满，皮下是否有气肿、浮肿。外形完整、无伤、无病、肌肉肥厚、腹甲有光泽、背胛肋骨模糊、裙厚而上翘、四腿粗而有劲、动作敏捷的鳖为优等鳖；反之，为劣等鳖。

8）看鳖的力量

抓住鳖，然后向外拉它的四肢，健康的鳖四肢不易拉出，收缩有力。再用手抓住鳖的后腿胯窝处，活动迅速、四脚乱蹬、凶猛有力的为优等鳖；活动不灵活、四脚微动甚至不动的为劣等鳖。

3. 鳖的放养

1）放养时间

亲鳖的放养时间为 3 ~ 5 月，早于水稻插秧，应先限制鳖在沟坑中；幼鳖的放养时间为 5 ~ 6 月，在插秧 20 天之后进行；稚鳖的放养时间为 7 ~ 9 月，直接放入稻田里。选择气温在 25℃、水温在 22℃ 的晴天时投放。同时，每亩可混养 1kg 的抱卵青虾或 2 万尾幼虾苗，也可每亩混养 20 尾规格为 5 ~ 8 尾 /kg 的异育银鲫（周凡等，2019）。要求选择健壮、无病的鳖入田，避免患病鳖入田引发感染。鳖苗种入池时，应用 3% ~ 5% 的食盐水浸洗消毒，减少外来病原菌的侵袭。在秧苗成活前，宜将鳖苗种放在沟溜中暂养，待秧苗返青后，再放入稻田中饲养（邢九保，2001）。

2）放养规格和密度

根据稻田的生态环境，确定合理的放养密度。一些稻田养殖的生产实践表明，150g 以上（一冬龄）的幼鳖每亩放养 200 ~ 500 只；50 ~ 150g 的鳖每亩放养 1300 ~ 2000 只；4g 以上的稚鳖每亩放养 5000 只以上；对于三龄以上的亲鳖每亩放养 50 ~ 200 只。由于太小的鳖苗种对环境的适应能力不足，自身的保护能力也不足，因此建议个体太小的幼鳖最好不作为稻田养殖对象，可将这类鳖在温室里养殖一个冬季，到翌年 4 月再投放到稻田中。投放前应做好稻田循环沟、投料场、幼鳖的消毒工作，幼鳖要求无伤、无病，体质健壮，且大小基本一致，以防其因饲料短缺互相残杀。

3）放养技巧

鳖在放养时要做好以下几点工作：一是鳖苗种质量要保证，即放养的小鳖要求体质健壮、无病、无伤、无寄生虫附着，最好达到一定规格，确保能按时长到上市规格；二是做到适时放养，根据鳖的生活特性，鳖苗种放养一般在晚秋或早春，水温达到 10 ~ 12℃时放养；三是根据稻田的生态环境，确定合理的放养密度；四是放养前要注意消毒，可用 5% 的食盐水溶液给鳖苗种消毒 10min 后再将其放入稻田中。

7.4.4　大田管理

1. 日常管理

精准施肥是提高稻谷产量的有效措施，养殖鳖的稻田施肥应遵循"基肥为主、追肥为辅；有机肥为主、化肥为辅"的原则（曹藩荣和廖侦成，2021）。由于鳖活动有耘田除草作用，加上鳖自身排泄物，另有浮萍类肥田，所以养鳖稻田的水稻施肥量可以比常规稻田少施 50% 左右，一般每亩施有机肥 300 ~ 500kg，匀耕细耙后方可栽插禾苗；如用化肥，一般用量为碳铵 15 ~ 20kg、尿素 10 ~ 20kg、过磷酸钙 20 ~ 30kg（韩忠良和蒋东，2001）。

在夏季，由于稻田水体较浅，水温过高，加上鳖排泄物剧增，水质易污染并导致鳖缺氧，稍有疏忽鳖就会大批死亡，给稻田养鳖造成损失。因此，鳖安全度夏是稻田养殖的关键所在，也是保证鳖回捕率的前提。夏季稻田水位低、水温高，而且水温变化幅度大，容易导致水质恶化。比较实用、有效的度夏技术主要包括以下几点：

（1）搭好凉棚。夏季为防止水温过高而影响鳖正常生长，田边种植陆生经济作物如豆角、丝瓜等，并搭成棚子。

（2）沟中遍栽苦草、菹草、水花生等水草。

（3）田面多投放水浮莲、紫背浮萍等水生植物，它们既可作为鳖的饵料，又可为鳖遮阳避暑。

（4）勤换水，定期撒生石灰，用量为每亩 5 ～ 10kg。

（5）雨季来临时做好平水缺口的护理工作，做到旱不干、涝不淹。

（6）晒田时要遵循"轻晒慢搁"的原则，缓慢降水，做到既不影响鳖的生长，又要促进稻谷的有效分蘖。

（7）在双季连作稻田间套养鳖时，头季稻收割适逢盛夏，收割后对水沟要遮阴，可就地取材，将鲜稻草扎把后盖在沟边，以免烈日引起水温超过 42℃而烫死鳖（雅丽，2002）。

（8）保持稻田的水位，稻田水位的深浅直接关系到鳖生长速度的快慢。水位过浅，易引起水温发生突变，导致鳖大批死亡。因此，稻田养鳖的水位要比一般稻田水位高出 10cm 以上，并且每 2 ～ 3d 灌注新水一次，以保证水质的新鲜、爽活。

2. 饲料投喂

稻田中常有昆虫，还有水生小动物，它们可供鳖摄食。稻田中的有机质和腐殖质非常丰富，它们培育出的天然饵料非常丰富，一般少量投饵即可满足鳖的摄食需要。投饵讲究"五定、四看"投饲技术，"五定"即定时、定点、定质、定量、定人；"四看"即看天气、看水质变化、看鳖摄食及活动情况、看生长态势。投饵量采取"试差法"来确定，一般日投饵量控制在鳖体重的 2% 即可。可在稻田内预先投放一些田螺、泥鳅、虾等，这些动物可不断繁殖后代供鳖自由摄食，节省饲料。还可在稻田内放养一些红萍、绿萍等小型水草供鳖食用。

3. 病虫害防控

由于鳖喜食田间的昆虫、飞蛾等，因此，田间害虫甚少，只有稻秆上部叶面害虫有时发生危害（韩忠良和蒋东，2001）。科学治虫是减少病害传播、降低鳖非正常死亡的技术手段，所以在防治水稻害虫时，应选用高效、低毒、低残留、对养殖对象没有伤害的农药，如杀螟松、亚铵硫磷、敌百虫、杀虫双、井冈霉素、多菌灵、稻瘟净等高效低毒农药。在晴天用药，粉剂在早晨露水未干时施用，尽量使粉撒在稻叶表面而少落于水中；水剂在傍晚施用，要求尽量将农药喷洒在水稻叶面，以打湿稻叶为度，这样既可提高防治病虫效果，又能减轻药物对鳖的危害。

用药时水位降至田面以下，施药后立即进水，24h 后将水彻底换掉。用药时最好分田块、分期、分片施用，即一块田分两天施药，第一天施半块田，把鳖捞起并暂养在一旁后施药，经 2 ~ 4d 后照常入田即可，过 3 ~ 4d 再施另半块田，减少农药对鳖的影响。晴天中午高温和闷热天气或连续阴天勿施药，雨天勿施药。雨天施药，药物易流失，造成药物损失。如有条件，可用饵诱鳖上岸，使其进入安全地带，也可先给鳖饲喂解毒药预防，然后再施药（韩忠良和蒋东，2001）。

若因稻田病害严重蔓延，必须选用高毒农药，或水稻需要根部治虫时，应降低田中水位，将鳖赶入水沟、水溜，并不断冲水对流，保持水沟、水溜中有充足的氧气。若因鳖个体大、数量多，水沟、水溜无法容纳时，可采取转移措施，主要做法是：将部分鳖搬迁到其他水体或用网箱暂养，待水稻病虫害得到控制并停止用药两天后，重新注入新水，再将鳖搬回原稻田饲养（宋云，2021）。在稻田中养鳖，由于养殖密度低，鳖一般较少有病，为预防疾病，可每半个月在饲料中拌入中草药（如铁苋菜、马齿苋、地锦草等）防治肠胃炎（王文彬，2018）。

7.4.5　适时收获

每年秋收后，可起捕出售鳖，也可将其转入池内或室内饲养越冬。

7.4.6　技术要点

在养鳖的时候既要注意它们的生长，也要做好水稻的管理，无论是温度还是湿度都要控制在一个合理的范围内，既不能影响水稻的品质，也不能耽误鳖的生长，一定要每天在固定的时间去观察鳖的情况，做好鳖疾病的预防工作也是相当重要的，如果发现它们精神状态不佳或者食量突然下降，一定要及时找出原因，并且做出相应的措施。如果鳖已经生长到一定阶段，而且水温已经开始低于15℃，就要及时捕捞；如果想要等到更合适的时机出售，可以适当提高水位和水温，这样对它们的越冬很有帮助。

7.5　稻蟹综合种养技术

河蟹是我国的特产，也是我国产量最大的淡水蟹类。稻田养殖河蟹，是利用稻田的生态环境，辅以人为的管理措施，既种植水稻，又养殖河蟹，充分利用自然资源，挖掘稻田的生产潜力，达到稻蟹双增收的目的。近年来，在水稻田里进行扣蟹的培育和成蟹的养殖越来越多，成效显著。

7.5.1　共生田准备

1. 共生田选择

养蟹稻田必须选择灌排水畅通、水质清新、地势平坦、保水保肥性能好、无污染的田块，土质以黏土为好，面积以 8 ~ 10 亩为宜。水源要得到保证是稻田养殖河蟹的物质基础，要选择水源充足、水质良好、无污染的地方，要求雨季水多不漫田、旱季水少不干涸、排灌方便、无有毒污水流入。进行稻田养蟹，一般选在沿湖沿河两岸的低洼地、滩涂地或沿库下游的宜渔稻田（白艳鹏等，2019）。

2. 共生田改造

1）开挖蟹沟

开挖蟹沟是稻田养蟹的重要技术措施。稻田水位较浅，夏季高温对河蟹的影响较大，因此必须在稻田四周开挖环形沟，面积较大的稻田，还应开挖"田"字形、"川"字形或"井"字形的田间沟（李宗群等，2017）。环形沟距田间 1.5m 左右，环形沟上口宽 3.0m、下口宽 0.8m；田间沟宽 1.5m，深 0.5 ~ 0.8m。蟹沟既可防止水田干涸和作为晒田、施追肥、喷农药时河蟹的退避处，也是夏季高温时河蟹栖息、隐蔽、遮阴的场所，沟的总面积应占稻田面积的 8% ~ 10%。

2）加高加固田埂

田块的整理和改造，是河蟹高产高效的基本条件，为保证养蟹稻田达到一定的水位，增加河蟹活动的立体空间，须加高加固田埂，可将开挖环形沟的泥土垒在田埂上并夯实，要求做到不裂、不漏、不垮，确保田埂高为 1.0 ~ 1.2m、宽为 1.2 ~ 1.5m。

3）防逃设施

河蟹的逃跑能力比较强，一般来讲，河蟹逃跑有以下几个特点：①由于生活和生态环境改变而引起河蟹大量逃跑。蟹种刚刚投放到稻田里时，由于它们对新环境不适应，傍晚会爬出稻田，沿着田埂到处乱窜，寻找逃跑的机会。这种逃跑通常持续时间 1 周，以前 3 天最多。待它们适应了新环境后就会安居下来，因此对于稻田养殖河蟹的农户来说，必须先建好防逃设施后再投放蟹苗，万万不可先放蟹苗后再补做防逃设施。②稻田里尤其是田间沟里的水质恶化迫使河蟹寻找适宜的水域环境而逃跑。有时天气突然变化，特别是在盛夏暴风雨来临前，由于天气闷热、气压较低，田间沟里的溶解氧量会降低，这时河蟹就会想法逃跑，先是逃到田面上，大多数会在秧苗上趴着，也有少数直接爬到田埂上，试图向外逃跑。③在饵料严重匮乏时，河蟹会逃跑，它们会为了寻找适口的饵料而在夜间爬出田间沟，到处乱窜，当发现防逃设施不严密时就会向外逃跑。④在稻田里放养的密度过大时，河蟹会逃跑。⑤在稻田排水时（如需要降水晒田、施药治水稻疾病时），河蟹会逃跑。另外，在暴雨汛期，河蟹也会大量逃跑。这是因为河蟹具有较强的趋流性，当稻田排水或暴雨引起稻田内的水位流动时，稻田里的河蟹就会异常活跃，在夜晚就会顺着水流爬向出水方向，有时也逆水爬向进水口处从水口逃跑。因此，在河蟹放养前一定要做好防逃设施。

防逃设施有多种，常用的有两种：第一种是安插高 55cm 的硬质钙塑板作为防逃板，埋入田埂泥土中约 15cm，每隔 75 ～ 100cm 处用一根木桩固定，注意四角应做成弧形，防止河蟹以叠罗汉的方式或沿夹角攀爬外逃；第二种防逃设施是采用网片和硬质塑料薄膜共同防逃，在易涝的低洼稻田主要以这种设施防逃，用 1.2 ～ 1.5m 高的密网围在稻田四周，在网上内面距顶端 10cm 处再缝上一条宽 25 ～ 30cm 的硬质塑料薄膜即可（王慧茹等，2019）。稻田开设的进水口、排水口应用双层密网防逃，该网也能有效地防止蛙卵、野杂鱼卵及幼体进入稻田危害蜕壳蟹；同时为了防止夏天雨季冲毁堤埂，稻田应设一个溢水口，溢水口也用双层密网过滤，防止幼河蟹趁机逃走（高光明和陈昌福，2019）。

7.5.2　水稻种植

1. 品种选择

养殖成蟹的稻田，一般宜选择耐肥力强、秸秆坚硬、不易倒伏、抗病力强的高产单季稻品种，最好采用免耕直播法，以减少田内浮泥数量。

2. 播期选择

育苗及插秧要尽量提前，最好在 5 月 15 日前栽好秧，以便尽早把蟹种投放到稻田中，增加河蟹的有效生长期（李媛媛，2019）。

3. 种植密度

插秧应采用宽行密株栽插，并适当增加沟、溜四周的栽插密度，发挥边际空间优势，以增加水稻产量。

7.5.3　共生对象的饲养

1. 放养前的准备

及时杀灭敌害，可用鱼藤酮、茶粕、生石灰、漂白粉等药物杀灭蛙卵、克氏原螯虾、鳝、鳅及其他水生敌害和寄生虫等；种植水草，营造适宜的生存环境，在环形沟及田间沟种植沉水植物（如聚草、苦草、喜旱莲子草等），并在水面上种植漂浮水生植物（如芜萍、紫背浮萍、凤眼莲等）；培肥水体，调节水质，为了保证河蟹有充足的活饵供取食，可在放种苗前一个星期施有机肥（常用的有机肥有干鸡粪、猪粪等），并及时调节水质，确保养蟹水质保持肥、活、嫩、爽、清（李宗群等，2017）。

2. 扣蟹的鉴别与放养

扣蟹的质量优劣直接决定成蟹的养殖效益，因此正确鉴别优质扣蟹是养殖生产的关键环节。鉴别扣蟹主要有以下方法：①鉴定扣蟹种源，目前市场上蟹种种质资源十分紊乱，应选择稳定性能好、生长速度快、成活率及回捕率高的种源。鉴定时主要从河蟹的前额齿的尖锐程度、疣突的形状、步足的扁平程度及附肢刚毛等几个方面进行。②选择品系纯正、苗体健壮、规格均匀、体表光洁无污物、色泽鲜亮、活动敏捷的蟹苗。③投放的蟹苗要求甲壳完整、肢体齐全、无病无伤、活力强、规格整齐、同一来源，选择一龄扣蟹，不选性早熟的二龄蟹苗和老头蟹。④对蟹苗进行体表检查。随机挑 3 ~ 5 只蟹苗把背壳扒去，鳃片整齐无短缺、鳃片淡黄色或黄白色、无固着异物、无聚缩虫、肝呈菊黄色、丝条清晰的为健康无病的优质蟹苗。如果发现蟹苗的鳃片有短缺、黑鳃、烂鳃等现象，同时蟹苗的肝明显变小、颜色变异、无光泽的则为劣质蟹苗或带病蟹苗（陆兆波，2019）。⑤剔除伤病蟹苗，虽然伤残附肢可以再生，但会影响成蟹规格，更重要的是缺少附肢的蟹苗，成活率明显降低，因此必须剔除肢体残缺、活动能力不强、体表有寄生虫的蟹苗。⑥挑出性早熟蟹苗，性早熟蟹苗没有任何养殖意义，应及时挑选并处理。性早熟蟹苗的剔除，主要是从大螯绒毛环生的程度、蟹脐圆与尖的比例、雌蟹卵巢轮廓的大小、雄蟹交接棒（生殖器）的硬化程度及附肢刚毛密生程度等进行筛选。

扣蟹的放养时间以 2 月中旬至 3 月上旬为主，此时温度低，扣蟹活动能力及新陈代谢强度低，有利于提高运输成活率。每亩稻田宜放养规格为 120 ~ 200只 / kg 的蟹苗 400 ~ 600 只。由于扣蟹放养与水稻移植有一定的时间差，因此暂养蟹苗是必要的。目前常用的暂养方法有网箱暂养及田头土池暂养。网箱暂养时间不宜过长，否则蟹苗会折断附肢且互相残杀现象严重，因此建议在田头开辟土池暂养，具体方法是蟹苗放养前半个月，在稻田田头开挖一条面积占稻田面积2% ~ 5% 的土池，用于暂养扣蟹（李宗群等，2017）。

3. 蟹苗的培育与移养

蟹苗的培育主要是选购大眼幼体进行温棚强化培育成 Ⅳ ~ Ⅴ 期幼蟹，关键技术是做好"双控"工作：一是抓好控温保温措施，采用双层塑料薄膜保温，使培育期的温度保持在 20 ～ 22℃；二是做好饵料的调控工作，刚变态时饵料宜少而精，只占蟹苗体重的 15% ～ 20%，不能多喂，否则易使水质腐败，进入 I 期变态后投饵量可上升至 50% ～ 100%。另外，水质的调控、氧气的充足、水草的保证、天敌的清除也要抓好。购苗时间宜在 3 月中下旬，购苗时间过早成活率太低，影响效益；购苗时间过晚当年养成的河蟹规格太小，没有市场。

幼蟹的移养：通常在 5 月中上旬即可将 V 期幼蟹移养到大田中强化饲养。由于幼蟹娇嫩，起捕时要小心操作，可采用草把聚捕与微流水刺激相结合的方法，经过多次捕捞后可以起捕 95% 左右的幼蟹。

强化培育是幼蟹进入大田后生长的关键时期，要加强饵料的供应，确保质量尤其是蛋白质含量要充足，田内水草和螺蚬资源要丰富，以满足螃蟹摄食和栖居的需要，水质要清新。

由于稻田养殖河蟹一般都是一年养殖，为了达到当年养大蟹、养健康蟹的目的，在蟹苗投放上应坚持"三改"措施，改小规格为大规格放养、改高密度为低密度放养、改别处购蟹种为自育蟹苗。

蟹苗移养是指待秧苗移植一周且禾苗成活返青后，可将暂养池与土池挖通，并用微流水刺激，促进幼苗（扣蟹）进入大田生长，此法通常称为稻田二级养蟹法。利用此法可以有效地提高螃蟹成活率，也能促进螃蟹适应新的生态环境（杨海峰等，2017）。

7.5.4　大田管理

1. 日常管理

（1）水位调节：是稻田养蟹过程中的重要一环，应以稻为主，前期水位宜浅，保持在 10cm 左右；后期宜深，保持在 20 ～ 25cm。在水稻有效分蘖期采取浅灌，保证水稻的正常生长；进入水稻无效分蘖期，水深可调节到 20cm，既增加螃蟹的活动空间，又促进水稻的增产，夏季每隔 3 ～ 5 天换冲水一次，每次换水量为田间水位的 1/4 ～ 1/3。

（2）施肥养蟹：稻田一般以施基肥和腐熟的农家肥为主，促进水稻稳定生长，保持中期不脱力，后期不早衰，群体易控制，每亩施农家肥 300kg、尿素 20kg、过磷酸钙 20 ～ 25kg、硫酸钾 5kg。放蟹后一般不施追肥，以免降低田中水体溶解氧，影响螃蟹特别是蟹种的正常生长。如果发现脱肥，可少量追施尿素，每亩不超过 5kg。施肥的方法是：先排浅田水，让蟹集中到蟹沟中再施肥，有助于肥料迅速沉积于底泥中并为田泥和禾苗吸收，随即加深田水到正常深度；也可采取少量多次、分片撒肥或根外施肥的方法。

（3）施药：稻田养蟹特别是养殖成蟹能有效抑制杂草生长；螃蟹摄食昆虫，降低病虫害，所以要尽量减少除草剂及农药的施用。在插秧前用高效、低毒农药封闭除草，蟹苗入池后，若再发生草荒，可人工拔除。

（4）晒田：水稻生长过程中必须晒田，以促进水稻根系的生长发育，控制无效分蘖，防止倒伏，夺取高产（廖家涛，2020）。晒田时的水位很浅，这对养殖螃蟹是非常不利的，因此需要做好稻田的水位调控工作。解决河蟹与水稻晒田矛盾的措施是：缓慢降低水位至田面以下 5cm 处，轻烤快晒，2 ～ 3 天后即可恢复正常水位（杨海峰等，2017）。

2. 饲料投喂

稻田养成蟹，一般以人工投饵为主，饵料种类较多，有天然饵料（如稻田中的野草、昆虫）、人工投喂饵料（如野杂鱼虾）、配合颗粒饲料及投喂的浮萍、水草等。日投饵量应为蟹体重的 5% ～ 7%，饵料主要投喂在环形沟边。在水草种群比较丰富的条件下，螃蟹摄食水草有明显的选择性，爱吃沉水植物中的伊乐藻、菹草、轮叶黑藻、金鱼藻，不吃聚草，苦草也仅吃根。因此，要在稻田的田间沟里及时补充一些螃蟹爱吃的水草。在螃蟹进入生长季节，应坚持每天投饵，投饵应坚持"四定"投喂原则。3 ～ 5 月以植物性饵料为主，6 ～ 8 月以动物性饵料为主（如小杂鱼、螺蚬类、蚌肉等），9 月促肥长膘，应加大动物性饵料的投喂量。螺蛳是河蟹很重要的动物性饵料，由于一般的稻田里并没有丰富的螺蛳，因此在放养前需要人工投放螺蛳，一般是在清明节前后放养 100kg 鲜活螺蛳。投放螺蛳既可以改善稻田的底质、净化底质，又可以补充动物性饵料。

提高蟹苗成活率，投饵环节至关重要，初放的 10d 内一般投喂丰年虫，效果较好，也可投喂豆浆、鱼糜、红虫等鲜活适口饵料，投饵量为河蟹体重的 50% 左右，随着幼蟹生长速度的加快和变态次数的增多，投饵量逐渐减少至河蟹体重的 10%，一个月后，幼蟹已完成Ⅲ ～ Ⅴ期蜕壳，此时开始停喂精饲料，以投喂水草为主，并辅以少量的浸泡小麦，这样有利于控制性早熟；进入 9 月中旬，气温渐降，幼蟹应及时补充能量，以适应越冬之需，开始投喂精饲料，投饵量为河蟹体重的 5% ～ 10%，到 11 月中旬，确保幼蟹规格达到 80 ～ 150 只 /kg。

3. 病虫害防控

螃蟹的病害采取"预防为主"的科学防病措施。常见的敌害有水蛇、老鼠、黄鳝、泥鳅、克氏原螯虾、水鸟等，应及时采取有效措施驱逐或诱灭之；在放养蟹苗初期，稻株茎叶不茂盛，田间水面空隙较大，此时幼蟹个体也较小，活动能力较弱，逃避敌害的能力较差，容易被敌害侵袭，同时，螃蟹每隔一段时间需要蜕壳生长，在蜕壳或刚蜕壳时，最容易成为敌害的适口饵料。蟹病主要有抖抖病、蜕壳不遂、黑鳃、烂鳃、腹水、肠炎等，预防措施主要有：勤换水，保持水质清新；多种水草，模拟天然环境；科学投饵，增强体质等。一旦发病治疗时，要对症下药，科学用药，及时用药（高光明和陈昌福，2019）。

7.5.5　适时收获

稻谷收获一般采取收谷留桩的办法，然后将水位提高至 40～50cm，并适当施肥，促进稻桩返青，为河蟹提供遮阴场所及天然饵料来源，稻田养的成蟹捕捞时间在 10～12 月为宜，蟹苗收获在春节前后进行，可采用夜晚岸边捉捕法、灯光诱捕法、地笼张捕法，最后放干田水挖捕。

利用稻田培育蟹苗，在捕获时可采用以下几种方法：流水刺激捕捞法、地笼张捕法、灯光诱捕法、草把聚捕法，尤其以微流水刺激和地笼张捕相结合法效果最佳。在捕捞时，将地笼张开放在流水的出入口处，隔 10m 放置一个，将田水的水位缓慢下降，使蟹苗全部进入蟹沟，再利用微流水刺激或水位反复升降来刺激捕捞。最后放干田水，将少部分（占 2%～5%）的蟹种人工挖捕（高光明和陈昌福，2019）。

7.5.6　技术要点

尽量选一熟制稻田，也可选用稻麦两熟田，不宜选用种双季稻的稻田养蟹。

稻田养蟹中水质的管理是重要环节之一，不但要符合稻田的生长条件，而且又不能导致水质腐败。春季为提高水体温度，有利于稻田蟹蜕外壳，应使稻田水位保持较浅状态。夏季气温过高，防止稻田蟹因高温死亡，应使稻田水位保持最深状态。夏秋季正处于稻田蟹摄食高峰期，如果持续高温，加之动物性饵料增多，应勤更换水体，以防止水体腐败。每次换水换 1/3 水体，换水时间不宜过长，经常换水也可刺激稻田蟹活动，加速蜕外壳。稻田蟹每蜕壳一次都会增加体重，但在稻田蟹蜕壳时只能注水，不能放水，以防止蜕壳不遂。

种稻养蟹统一规划、统一管理。应该把稻、蟹作为一个生产整体对待，由专人统一抓管，科学筹划、调节，解决稻用水、施肥、施药及开沟筑堤方面的矛盾，以免顾此失彼（高光明和陈昌福，2019）。

第 8 章　生态田埂技术

田埂是为农田更好地蓄水增产所设置的，然而随着我国农田不断减少，人口逐渐增加，为追求高产出大量施肥已成常态，化肥农药的大量使用导致农田氮磷等营养物质迁移，造成地表水富营养化，形成面源污染，基于此提出生态田埂的理念。生态田埂，包括田埂本体，在田埂本体两侧对称设置有侧边，侧边的下端伸入泥土中，在田埂本体上可种植草木等植物，在实现蓄水增产的同时，利用其蓄浊排清的功能减少氮磷的迁移运输，结合控制灌溉技术，缓解暴雨时期径流压力，实现经济效益与环境效益的良好结合。

8.1　生态田埂修筑技术

田埂又称地埂，是指田间稍高于地面的狭窄小路，常用于农田分界和蓄水，还用作人行道和植物种植，是农田环境的重要组成部分之一。生态田埂技术是水土保持的重要措施之一，通过截短坡长、降低坡面、拦截并分散径流来控制水土流失及其导致的农业面源污染。

8.1.1　田埂的类型

修筑田埂的材料决定了田埂的稳定性、抗蚀性和生态适应性，根据筑埂材料的不同，可将田埂分为土埂、石埂、土石复合埂，以及生物埂。

1. 土埂

土埂是由泥土修筑并将埂的内外两侧以及顶部拍紧打光而成的低矮田埂，一般用于坡度较小的耕地内。土埂的修筑原料简单易得，成本低，修筑方式简单，人力投入少，易于维护和管理，可以增加土地利用率，生态适应性高；但是，土埂的抗蚀能力和稳定性能相对较差，不便于行走。

2. 石埂

石埂是指由条石、卵石或者毛石等石料修筑而成的田埂，常用于坡度相对较陡的耕地或者梯田中。一般在经济条件较好，石料较为丰富的地区常用毛条石或者青条石修筑田埂，在河流沿岸的地区常用卵石修筑田埂。石埂的抗蚀能力和稳定性能较好，便于行走，可用作人行通道；但是对于石料匮乏的地区难以推广，人力和成本投入较大，维护的难度较大，生态适应性较差。

3. 土石复合埂

土石复合埂是指由泥土和石头混合修筑的田埂，根据实际情况，石料可以位于泥土的下方、上方或者与泥土混合，据此分为上土下石型、上石下土型和土石混合型。土石复合埂较为稳定，具有一定的生态适应性，能够提高土地的利用率，增加农民收入且维护简单，适用范围广。但是相比于石埂和土埂，修筑方式较为复杂。以下为三种土石复合埂的修筑方式、特点和用途。

（1）上土下石型：修筑方式是下部由条石或者块石修筑为硬料层，上部覆土夯实形成土埂，特点是硬料层可提高稳定性，土质层可提高土地利用率，适用于耕地较为匮乏的地区。

（2）上石下土型：修筑方式是下部由泥土夯实而成，上部覆盖一定厚度的石板，田埂侧面一般生长杂草，特点是修筑成本低，植物根系固结土体可提高稳定性，防降雨击溅能力强，抗蚀性高，维护成本低，适用于田间便道。

（3）土石混合型：修筑方式是泥土和石料按照一定的比例混合进行修筑，特点是稳定性较好，建造工艺相对简单，适用于一般的田间田埂。

4. 生物埂

底部以土埂为主，在其顶部或者两侧栽种植物，栽种的植物一般具有一定功能作用，例如具有固土功能、氮磷富集功能、经济效益或者观赏功能的植物。生物埂的修筑成本低，修建方式简单，而且具有较好的水土保持功能和农业面源污染削减功能，还具有一定的经济效益，但是埂上植物可能抢夺农作物的养分、阳光和生长空间，进而影响农作物的产量和质量（李进林和韦杰，2017）。

8.1.2　田埂的功能

田埂能够截短坡长、降低坡面坡度、拦截径流、减缓径流流速、改变径流流向、延长径流路径，减轻土壤冲刷，增加土壤入渗，从而防止水土流失，治理农业面源污染，又因埂上栽种的植物而具有叠加的水土保持功能、生态功能和经济效益。

1. 水土保持功能

田埂埂体本身对水土和泥沙具有截留能力，同时埂带植物根系能够穿插缠绕固结土体,提高田埂的抗蚀能力和稳定性,进而提高田埂保持水土的能力。

2. 生态功能

田埂能够拦截过滤径流,吸附降解污染物质,埂上植物增加田埂微生物丰富度和微生物量,更有利于农业面源污染物质的去除。

3. 经济效益

田埂上植物一般具有富集氮磷等营养元素的功能,还可以产出果实和种子等农作物产品,因此多数具有经济价值。

8.1.3 生态田埂的改造

农田地表径流是氮磷养分损失的重要途径之一,也是残留农药等向水体迁移的重要途径,农田田埂可以有效阻截氮磷养分损失和控制残留农药向水体迁移。但是一般的农田田埂高度约为20cm,遇到较大的降雨时,很容易产生地表径流,从而造成土壤氮磷养分损失和水体面源污染等问题。因此,通过改造农田田埂,提高田埂的生态功能,可减少氮、磷、农药等污染物向水体迁移运输,减轻农业面源污染,对生态农业建设和绿色经济发展具有重要的意义。

1. 生态田埂的改造内容

1)田埂结构的改良

田埂结构的改良途径包括抬升田埂高度、增加田埂宽度、在田埂内部添加填料或者新型田埂构建方式等,其目的是提高田埂对农田径流的净化效果。增加田埂的高度,能够有效阻拦氮和磷等物质随径流流失,降低农业面源污染的风险,当抬高田埂高度0.10 ~ 0.15m,可有效阻拦30 ~ 50mm降雨产生的径流。增加田埂的宽度,可以有效控制氮素的流失量。当田埂的宽度由40cm增至50cm、60cm时,每公顷能分别减少约2.19kg、8.51kg硝态氮和0.80kg、5.29kg铵态氮的侧渗。在复合埂的两条单埂之间修建竹节壕等排蓄水工程,形成截留沟和单埂复合形式,能够缓存农田径流,延长污染物的停留时间,有助于污染物的去除。

2)在田埂上栽种植物

在田埂的顶部和两侧栽种植物,首先,可起到固土防侵蚀的作用,提高田埂的稳定性和水土保持能力;其次,田埂上栽种的植物可形成隔离带,在发生地表径流时可有效阻截氮磷养分损失和控制残留农药向水体迁移,减轻农业面源污染；最后，栽种的植物可吸收富集径流水体中的氮磷等营养元素，产出果实和种子等农产品，提高肥料和土壤养分的利用率，具有重要的经济效益。

2. 生态田埂的改造施工流程

1）施工测量放样

测量记录需要改造的田埂的上宽、下宽、两侧高度，并计算田埂面积和体积。测量完成后，根据设计图划定开挖和填土区域并放样标记。测量田埂面积要遵循以下要求：①田埂的宽度以坎脚下宽为准。当田埂的宽度变化较大时，宜分段测量。②田埂的长度可用测绳或皮尺测量。当田埂倾斜较大时，长度需进行倾斜修正，即将田埂的斜距改成平距。

2）田埂修筑

根据实际情况需要，增加田埂的高度和宽度。将原有田埂和需要开挖区域的植被和垃圾杂物清理干净，然后将需要开挖区域的表层肥沃土壤挖出并放置于中间田块，挖掘下层土壤覆盖到原有的田埂，并按照设计整平、凿平并碾压压实。一般修筑的生态田埂有：铺设生态透水砖式田埂、素土夯实式田埂和铺设碎石式田埂，不同形式的生态田埂所配置的植物有所不同。

8.2　生态田埂的植物配置

8.2.1　植物配置

生态田埂的两侧采用植物护坡，在田埂顶部铺狗牙根草皮或者中华结缕草。另外，根据当地的气候条件和土质情况，田埂顶部还可以种植一些农业经济作物，如华南地区可种植荔枝、龙眼、桑树、番木瓜和番石榴等。生态田埂生态化后的效果图如图 8-1 所示，一般有以下三种形式：

（1）铺设生态透水砖式田埂。路面铺设生态透水砖，两旁间隔种植孔雀草，田埂边坡种植香根草。

（2）素土夯实式田埂。田埂铺设狗牙根草皮，空白处间隔种植孔雀草，田埂顶部种植桑树，田埂边坡种植香根草。

（3）铺设碎石式田埂。路面铺设碎石两旁间隔种植孔雀草和百子莲，田埂边坡种植香根草。

图 8-1　生态田埂效果图

8.2.2　植物介绍

1. 香根草

香根草（*Chrysopogon zizanioides*）是禾本科香根草属多年生粗壮草本植物。

1）生物学性状

秆丛生，高可达 2.5m，直径中空。叶鞘无毛，叶舌短，叶片线形，直伸，扁平，下部对折，无毛，边缘粗糙，顶生叶片较小。圆锥花序大型顶生，主轴粗壮，无柄小穗线状披针形，第一颖革质，背部圆形，第二颖脊上粗糙或具刺毛；第一外稃边缘具丝状毛；第二外稃较短，花期自小穗两侧伸出。

2）作用

（1）净化水体氮磷：香根草在重金属污染的土地、水体都能正常生长，并使水体、土壤中的有毒物质明显降低。

（2）除虫作用：在绿色水稻生产中，可以利用香根草作为诱集植物来诱集诱杀水稻螟虫，香根草可种植于稻田的田埂上（非主要过道）、排灌沟两岸（既可诱虫又可固土护堤净水截污）或绿色稻区边角地。实验表明，香根草栽植 3 年，其须根系可达 6.0m，根系芳香成分可杀死白蚁，驱避田鼠。

（3）水土保持：香根草根系发达，韧性特强，其抗拉能力相当于同等粗度钢筋的 1/6，网状须根牢牢地将土壤结成一体，增强抗击洪水能力。香根草能治理水土流失，沿山岗坡地等栽植香根草，种后半年形成绿篱，俗称"生物坝"如造天然梯田，无须维护，可长年保护土地。

3）种植方法

种植时沿等高线带状挖穴，穴挖成"V"状，穴深 10 ～ 15cm。种植将草苗修剪至根长 10cm，茎叶长 20cm 左右，分苗时 3 ～ 5 株一起掰下，种于穴中，然后填土压实，让根与土壤紧密结合，以有利于成活。种植时间在每年的 3 ～ 6月份，灌溉条件好的地方可酌情推迟，一般 3 月份种植的成活率最高，生长较好。7 月份后种植，因气温高，雨量不均，成活率会下降，在管理上也多费工时。另外要注意，3 月份种植时每穴 2 ～ 3 株，6 月份以后每穴用苗 4 ～ 5 株。施肥香根草苗地只需施少量氮肥就能很好地生长。种植前不必施肥，待香根草苗返青时在距苗丛 50cm 左右处打 15cm 深小洞，追施尿素即可，施用量为每亩 20kg 左右。作为长期定点的苗圃，要施用有机肥料。

4）管理维护

为了使香根草分蘖多、产量高，管理上应注意以下几点：①返青前管理香根草种植后至返青一般要经过 15 天时间。这段时间是管理的重点期，应注意适时灌溉，一般情况下，下一场中雨即可保证成活；如果没有雨且土壤比较干旱，应用人工灌溉 1 ～ 2 次。②除草杂草太多会影响香根草生长和分蘖，应适时除草，尤其在 8 ～ 9 月份是香根草分蘖的高峰期，特别应注意除草。③适时追肥。香根草分蘖与生长高峰都在 8 ～ 9 月份，此时应追施肥料，以提高产苗量。

5）生长周期

香根草为多年生植物，8 ～ 10 月开花结果。

2. 狗牙根

狗牙根（*Cynodon dactylon*）是禾本科狗牙根属低矮草本植物。

1）生物学性状

低矮草本，具根茎。秆细而坚韧，下部匍匐地面蔓延生长，节上常生不定根，直立部分高 10 ～ 30cm，直径 1.0 ～ 1.5mm，秆壁厚，光滑无毛。

叶鞘微具脊，无毛或有疏柔毛，鞘口常具柔毛；叶舌仅为一轮纤毛；叶片线形，长 1 ～ 12cm，宽 1 ～ 3mm，通常两面无毛。穗状花序（2 ～ ）3 ～ 5（～ 6）枚，长 2 ～ 5（～ 6）cm；小穗灰绿色或带紫色，长 2.0 ～ 2.5mm，仅含 1 小花；

颖长 1.5 ~ 2.0mm，第二颖稍长，均具 1 脉，背部成脊而边缘膜质；外稃舟形，具 3 脉，背部明显成脊，脊上被柔毛；内稃与外稃近等长，具 2 脉。鳞被上缘近截平；花药淡紫色；子房无毛，柱头紫红色。

2）作用

其根茎蔓延力很强，广铺地面，是良好的固堤保土植物，常用以铺建草坪或球场；唯生长于果园或耕地时，为难除灭的有害杂草。全世界温暖地区均有，根茎可喂猪，牛、马、兔、鸡等喜食其叶；全草可入药，有清血、解热、生肌之效。

3）种植方法

狗牙根种子发芽率很低，能出苗的种子很少，故要选土层深厚肥沃的土地进行耕翻，每公顷施畜圈粪 6 万 ~ 7 万 kg、过磷酸钙 150 ~ 225kg 作基肥。其主要栽培方法有以下几种。

（1）播种法：用种子进行繁殖。狗牙根种子小，土地需要细致平整，达到地平、土碎。种子发芽日平均温度 18℃时最好，每公顷播种量 3.75 ~ 11.25kg。播种时可用泥沙拌种后撒播，使种子和土壤良好接触，有利于种子萌发。

（2）条植法：用枝条繁殖。按行距为 0.6 ~ 1.0m 挖沟，将切碎的根茎放入沟中，枝梢露出土面，盖土踩实即可。

（3）分株移栽法：挖取狗牙根的草皮，分株在整好的土地中挖穴栽植，注意使植株及芽向上。

（4）块植法：把挖起的草皮切成小块，在要栽植的土地上挖比草皮块宽大的穴，把草皮块放入穴内，用土填实即可。

（5）切茎撒压法：早春将狗牙根的匍匐茎和根茎挖起，切成 6 ~ 10cm 的小段，混土撒于整好的土地上，然后及时镇压，使其与土壤接触，便可发芽生长。

4）管理维护

（1）整地基础：种植前对坪床进行平整极为重要，坪床不平整会为以后草坪管理带来许多问题。整地前，要将坪床内的石块、碎砖瓦片等建筑废弃物及各种杂草和枯枝落叶全部清理干净。整地分为粗整和细整，整地耕翻深度以 20 ~ 25cm 为宜，平整坪床面，疏松耕作层，并用轻型镇压滚（150 ~ 200kg）镇压 1 次。为保证狗牙根生长发育良好，在整地前要施足基肥，以有机肥料如腐熟的鸡粪、人尿粪为主。

（2）灌溉施肥：灌溉是保证适时、适量地满足草坪草生长发育所需水分的主要手段之一，也是草坪养护管理的一项重要措施。由于狗牙根根系分布相对较浅，在夏季干旱时应及时灌溉。灌溉时，要一次性灌透，不可出现拦腰水，使根系向表层分布，降低其抗旱能力。灌水量和灌溉次数依具体情况而定。通过施肥可以为草坪草提供所需的营养物质，施肥是影响草坪抗逆性和草坪质量的主要因素之一。狗牙根草坪施肥可在初夏和仲夏进行，肥料以氮肥、磷肥、钾肥为主，其施肥量为250～300kg/hm²。施肥后应及时浇水灌溉，使肥料充分溶解渗入土壤，供狗牙根吸收利用，提高肥料利用率。

（3）养护管理：草坪养护管理是获得并维持高质量草坪的重要措施，若养护管理不当，则草坪质量降低，寿命缩短。草坪的养护管理措施主要包括草坪修剪、灌溉、施肥。

（4）修剪管理：修剪是草坪养护管理中最基本、最重要的一项作业。修剪可控制草坪草生长高度，保持草坪平整美观，增加草坪的密度。同时，修剪还可抑制因枝叶过密而引起的病害。修剪前，应将草坪中的石块、铁丝、树枝、塑料等杂物清除干净，以免损伤剪草机，影响修剪质量。修剪频率主要取决于狗牙根的生长速度。在不同时期，其修剪频率不同。修剪高度要遵循1/3原则。狗牙根作为优良的固土护坡植物，一般每年修剪2～3次。

5）生长周期
花果期5～10月。

3. 中华结缕草

中华结缕草（*Zoysia sinica*）是禾本科结缕草属阳性喜温植物。
1）生物学性状
秆直立，高13～30cm，茎部常具宿存枯萎的叶鞘。叶鞘无毛，长于或上部者短于节间，鞘口具长柔毛；叶舌短而不明显；叶片淡绿或灰绿色，背面色较淡，长可达10cm，宽1～3mm，无毛，质地稍坚硬，扁平或边缘内卷。总状花序穗形，小穗排列稍疏，长2～4cm，宽4～5mm，伸出叶鞘外；小穗披针形或卵状披针形，黄褐色或略带紫色，长4～5mm，宽1.0～1.5mm，具长约3mm的小穗柄；颖光滑无毛，侧脉不明显，中脉近顶端与颖分离，延伸成小芒尖；外稃膜质，长约3mm，具1明显的中脉；雄蕊3枚，花药长约2mm；花柱2，柱头帚状。颖果棕褐色，椭圆形，长约3mm。

2）作用
（1）生态价值：中华结缕草属暖季节性草坪，根系发达，生长匍匐性好，叶质细腻，美观性和生态性完美叠加。由于中华结缕草具有强大的地下茎，节间短而密，每节生有大量须根，分布深度多在20～30cm的土层内，叶片较宽厚、光滑、密集、坚韧而富有弹性，抗践踏，耐修剪，还是极好的运动场和草坪用草。因为中华结缕草地下茎盘根错节，十分发达，形成不易破裂的成草土，叶片密集、覆被性好，具有很强的护坡、护堤效益，所以又是一种良好的水土保持植物。
（2）饲用价值：中华结缕草鲜茎叶气味纯正，马、牛、驴、骡、山羊、绵羊、奶山羊、兔皆喜食，鹅、鱼亦食。根据不同生育期地上茎叶营养成分的分析看出，粗蛋白质含量在旺盛生长的抽穗期最高，可达 13.5%，盛花期下降为 9.4%，果后营养期又回升为 12.3%。粗灰分与钙的含量在秋末最高。中华结缕草天然草场，可产鲜草 7500 ~ 12000kg/hm²。茎叶比 1：1.5 ~ 1：2.0。放牧期 6 ~ 7 个月。耐牧性强，再生力也较好，农区农林隙地草场可连续放牧。

3）种植方法

（1）播种法：播种期宜在雨季之后，即 7 月底 8 月初。播种前要先行种子处理，用 0.5% 氢氧化钠溶液浸泡 24h，再用清水洗净、晾干后播种。播后 10 ~ 13 天发芽，20 多天齐苗。

（2）分株法：从 5 月中旬至 8 月中旬均可进行。先将中华结缕草掘出，把盘结在一起的枝蔓分开，埋入预先准备好的土畦中，成行栽种，行距 15 ~ 20cm，3 ~ 4 个月后可长满。如铺建草坪，也可直接起草块，草块 20cm×20cm，厚 5 ~ 6cm。修建草坪时，首先要设计好排水系统，必要时要设地下排水设施，然后整地，施足底肥，去除石块。铺时草块要平，草块间留有 2 ~ 3cm 的缝隙，用土填满、压实、喷足水即可。铺草块建草坪见效快，效果好，但必须有供应草块的草圃。

4）管理维护

中华结缕草一般在 4 ~ 5 月或 8 ~ 9 月种植。种植前 1 个月施肥，整地，浇水，土壤表层喷洒除草剂（五氯酚钠）。一个月后再次浇水，待土壤表层半干半湿时耙平播种。一般每亩播 5 ~ 6kg 为宜，播完后，用耙轻轻拉一趟，在地表面撒一层堆肥或覆盖一层木屑土，有条件的可盖一层薄稻草，能防止日光直射，提高发芽率，播后要喷水保持一定湿度。10 天左右萌发后去掉稻草覆盖物。苗高在 6 ~ 8cm 时将幼草的直立茎剪断，促进萌发分蘖，加速草坪的蔓延速度。定期轧剪是苗期管理的一项重要工作，在 4 ~ 10 月每月两次用机械滚轧，使一至二年生的杂草失去嫩头或花茎，丧失结籽传播后代的能力，加速草皮的蔓延。

5）生长周期

花果期 5 ~ 10 月。

4. 孔雀草

孔雀草（*Tagetes patula*）菊科万寿菊属一年生草本植物。

1）生物学性状

高 30 ~ 100cm，茎直立，通常近基部分枝，分枝斜开展。叶羽状分裂，长 2 ~ 9cm，宽 1.5 ~ 3cm。头状花序单生，管状花花冠黄色。喜阳光，但在半阴处栽植也能开花。

2）作用

（1）观赏价值：孔雀草橙、黄的花色极为醒目，有很高的观赏价值。

（2）除虫作用：孔雀草等菊科类植物对蚜虫、蚊虫、蝇等具有明显的忌避作用，孔雀草对侵入根部的线虫也有效。

3）种植方法

孔雀草的繁殖，用播种和扦插均可。播种在 11 月至翌年 3 月间进行。冬春季播种的在 3 ~ 5 月开花。扦插繁殖可于 6 ~ 8 月间剪取长约 10cm 的嫩枝直接插于庭院，遮阴覆盖，生长迅速。夏秋季扦插的在 8 ~ 12 月开花。

4）管理维护

孔雀草为阳性植物，生长、开花均要求阳光充足，光照充足还有利于防止植株徒长。一般来讲，只要在 5℃以上就不会被冻害，10 ~ 30℃间均可良好生长。水分管理的关键是采用排水良好的介质，保持介质的湿润虽然重要，但每次浇水前适当的干燥是必要的，不能过干导致植株枯萎。可 7 ~ 10 天交替施肥一次。在冬季气温较低时，要减少肥的使用量。如果是以普通土壤为介质的，则可以用复合肥在介质装盆前适量混合作基肥。

5）生长周期

一年四季都可以种植，春季花期为 3 ~ 5 月，秋季花期为 7 ~ 9 月，也就是说孔雀草能开 60 ~ 90 天的花，如果养护较好的话还可以延长孔雀草的花期。

5. 百子莲

百子莲（*Agapanthus africanus*）是石蒜科百子莲属植物，多年生草本。

1）生物学性状

株高 50 ~ 70cm。具短缩根状茎。叶二列基生，舌状带形，光滑，浓绿色。花葶自叶丛中抽出，高 40 ~ 80cm。蒴果，含多数带翅种子。

2）作用

（1）观赏价值：百子莲花形秀丽，花色呈深蓝色或白色，特别是蓝色的花朵给人以安静和谐的美感，具有很好的观赏作用。

（2）净化空气：百子莲能散发出迷人的花香，让空气更加清新，对人身体有益。

3）种植方法

要有良好的排水措施以防渍水，每天接受直射日光不宜少于 8h，此外还需配备遮阴设施。基质宜选用富含腐殖质的砂质壤土，在使用前最好先用甲醛熏蒸灭菌杀虫。在定植前，可以施用骨粉作为基肥，用量为 1kg/m²，应该将基肥均匀地深翻于土壤中，将种苗保持相等间距进行定植。

4）管理维护

百子莲性喜微潮偏干的土壤环境，除了在花葶即将抽出时灌一次透水外，整个生产过程均要避免浇水过多。夏季高温阶段，每天要喷水 1 ~ 2 次。冬季低温阶段，大约间隔 4 周喷水一次。在春季新叶萌动前、夏季花芽分化前、秋季采收切花后各施一次氮、磷、钾比例为 1∶1∶2 的液体肥料作为追肥。经常剪去植株基部的枯黄叶片。每月锄地一次可以促进植株更好生长。百子莲常见叶斑病、红斑病。叶斑病可用 70% 甲基托布津可湿性粉剂 1000 倍液喷洒防治；红斑病的防治应注意在浇水时防止水珠滴在叶面，发病时喷 1 次 600 倍的百菌清水液，效果较好。

5）生长周期

自然花期为 7 ~ 9 月，果熟期为 8 ~ 10 月。

6. 桑

桑（*Morus alba*）是桑科桑属落叶乔木或灌木。

1）生物学性状

高可达 15m，树体富含乳浆，树皮黄褐色。叶卵形至广卵形，叶端尖，叶基圆形或浅心脏形，边缘有粗锯齿，有时有不规则的分裂。叶面无毛，有光泽，叶背脉上有疏毛。雌雄异株，葇荑花序。聚花果卵圆形或圆柱形，黑紫色或白色。喜光，幼时稍耐阴。喜温暖湿润气候，耐寒。耐干旱，耐水湿能力强。

2）作用

（1）生态价值：桑树冠宽阔，树叶茂密，秋季叶色变黄，颇为美观，且能抗烟尘及有毒气体，适于城市、工矿区及农村四旁绿化。适应性强，为良好的绿化及经济树种。

（2）食用价值：桑还具有很高的食用价值，不仅作为家蚕的主要食材，人类也可以食用，正确使用桑叶可以有益人体健康，补充人体营养缺乏。

（3）净化空气：桑的树身是净化空气的良好介质，可以有效地吸收空气中的有毒物质，从而达到净化和改善空气质量的作用。

（4）经济价值：桑具有广泛的功能，它的枝条可以用来编篮子，还可以用来造纸、做弓箭，以及制作农业生产工具，具有很高的经济价值。

3）种植方法

多采用压条方式繁殖，早春将母株横伏固定于地面，埋入沟中，露出顶端，培土压实，待生根后与母体分离，春或秋季进行定植，按行株距 2.0m×0.4m 开穴，穴径 0.5 ~ 0.7m，穴底施入腐熟厩肥，上铺薄土一层，栽入，填表土后，将植株向上提一提，使根部舒展，再填心土，压实，浇水。

4）管理维护

每年进行一次中耕，四次施肥，除草根据杂草生长情况，一般每年进行2～3次除草。春肥：在桑芽萌动时施，每亩施尿素20kg。夏肥：春蚕结束后施，每亩施尿素20kg、桑专用复合肥25kg。秋肥：旱秋蚕结束后施，每亩施尿素5kg、桑专用复合肥10kg。冬肥：12月初施，每亩施农家肥1500～2000kg。

5）生长周期

5月开花，果熟期为6～7月。

7. 番木瓜

番木瓜（*Carica papaya*）为番木瓜科番木瓜属常绿软木质小乔木。

1）生物学性状

叶大，聚生于茎顶端，近盾形，直径可达60cm，通常5～9深裂，每裂片再为羽状分裂；叶柄中空，长达60～100cm。花单性或两性，有些品种在雄株上偶尔产生两性花或雌花，并结成果实，亦有时在雌株上出现少数雄花。植株有雄株，雌株和两性株。雄花：排列成圆锥花序，长达1m，下垂；花无梗；萼片基部连合；花冠乳黄色，冠管细管状，长1.6～2.5cm，花冠裂片5片，披针形，长约1.8cm、宽4.5mm；雄蕊10枚，5长5短，短的几无花丝，长的花丝白色，被白色绒毛；子房退化。雌花：单生或由数朵排列成伞房花序，着生叶腋内，具短梗或近无梗，萼片5片，长约1cm，中部以下合生；花冠裂片5片，分离，乳黄色或黄白色，长圆形或披针形，长5.0～6.2cm、宽1.2～2.0cm；子房上位，卵球形，无柄，花柱5枚，柱头数裂，近流苏状。

2）作用

全年可采，番木瓜除鲜食外，还可加工成果汁、果酱、蜜饯、腌渍；青果中含果胶可提取制成番木瓜果胶。

3）种植方法

选择秋季（10月）温室大棚播种育苗，这样苗期气温低，生长缓慢，易于培育老壮苗，第2年3月气温回暖时即可定植于大棚。幼苗过冬以苗高10～15cm、具有5片完全展开叶片为好，抗寒性较强，如果幼苗过大，不利于安全越冬。由于番木瓜幼苗生长缓慢，采取集中育苗不仅有利于提高温室利用率，也有利于管理和温湿度调控；由于番木瓜裸根移栽，易感染病害，成活率较低，所以大都采用营养钵育苗方法，一般选择直径12cm、高16～18cm的塑料营养钵，移栽时撕去即可。选择土壤肥沃疏松，避风向阳，排灌良好的地块定植，定植时去除营养袋，不要弄松营养土团，不伤根。种植时不能过深，土层覆盖以略高于根茎为宜。栽后浇足定根水，用干稻草覆盖树盘。注意经常浇水，保持土壤湿润。

4）后期管理

在 7 ～ 8 月的高温强光季节，要考虑适当遮阳，避免果实受日灼而影响品质。疏枝及疏花果：及时摘除叶腋处的侧芽，开花前及时摘去多余的花，保证每一叶腋有 1 ～ 2 个果。计划只收当年果实的，留果至 9 月初即可，单株平均留果20 ～ 25 个，以后的花果全部疏去，疏果最好在晴天午后进行。有条件的可以进行人工授粉。

8. 番石榴

番石榴（*Psidium guajava*）为桃金娘科番石榴属乔木。

1）生物学性状

树高达 13m；树皮平滑，灰色，片状剥落；嫩枝有棱，被毛。叶片革质，长圆形至椭圆形，长 6 ～ 12cm，宽 3.5 ～ 6.0cm，先端急尖或钝，基部近于圆形，上面稍粗糙，下面有毛，侧脉 12 ～ 15 对，常下陷，网脉明显；叶柄长 5cm。

2）作用

番石榴味道甘甜多汁，果肉柔滑，果心较少无籽，常吃可以补充人体所缺乏的营养成分，可以强身健体提高身体素质。番石榴所含有的脂肪比苹果少 38%，卡路里少 42%。番石榴广泛应用于食品加工业，主要目的就是为增加食品维生素C 的含量，使食品的营养得以强化和提高。

3）种植方法

番石榴早熟品种及贫瘠土壤可采用行株距 4m×4m 栽植；中晚熟品种及肥沃的土壤可采取行株距 6m×4m 或 5m×5m 栽植。结合改土挖深、宽各 80cm 的定植穴，分层埋入杂草、绿肥、有机肥及石灰。回填后要高出地面 20cm 以上，最好提前 1 个月施基肥、回填定植穴，有利于定植穴土壤沉实，避免栽植后下沉而导致栽植过深。栽植后树盘盖草并浇透定根水。梢叶过多时可剪去部分叶片减少水分的消耗。栽植后立支柱，防止风吹摇动、折断嫩枝。

4）后期管理

修剪整形，矮化树冠，苗木栽植后，苗高 50 ～ 60cm 时截干，以促发新梢。选留分布均匀、分枝角度适宜的 3 ～ 4 条斜生枝为主枝，主枝留 30 ～ 40cm 短截，以发分枝，选留 2 ～ 3 条作副主枝。然后在主枝、副主枝上培养结果枝。这样可形成矮干多主枝、树形矮化、有效枝条多的圆头形树冠。番石榴果实品质的优劣与施肥密切相关，主要施用有机肥的果实与主要施用化肥的果实在口感上存在明显差别。因此，在施肥上有机肥与化肥应合理配搭使用。定植第 1 年，每株施三元复合肥（氮、磷、钾含量均为 15%）2kg、豆麸 1kg（或肥量相当的鸡粪、猪粪等有机肥）、硫酸钾 0.2kg、贝壳灰 0.5kg；定植第 2 年按上一年的施肥量增加

1倍；定植第3年不再增加施肥量，或可根据树势、产量增加施肥量。

9. 龙眼

龙眼（*Dimocarpus longan*）是无患子科龙眼属常绿乔木。

1）生物学性状

高通常10余米；小枝粗壮，被微柔毛，散生苍白色皮孔。叶连柄长15～30cm或更长；小叶4～5对，薄革质，长圆状椭圆形至长圆状披针形，两侧常不对称，小叶柄长通常不超过5mm。花序大型，多分枝；花梗短；萼片近革质，三角状卵形；花瓣乳白色，披针形，与萼片近等长，仅外面被微柔毛；花丝被短硬毛。果近球形，通常黄褐色或有时灰黄色，外表面稍粗糙，或少有微凸的小瘤体；种子茶褐色，光亮，全部被肉质的假种皮包裹。

2）作用

经济用途以作果品为主，种子含淀粉，经适当处理后，可酿酒；木材坚实、暗红褐色，耐水湿，是造船、家具、细工等的优良材。

3）种植方法

采用高压育苗，一般在龙眼树液流动的3月下旬至4月上旬，选择无病虫害、生长健壮、品质优良的壮年植株，斜生枝茎约4cm，在枝茎基部做长约2.5cm的环状剥皮，5～7天后用特制有孔两片合成的瓦钵或竹筒把环剥处包合用绳索捆牢后，钵或竹筒内填入黏泥浆，均匀包裹环剥四周，保持湿润。经3～4个月后，新根长满钵筒内时，就可以将其锯断分离，移植于荫蔽处培育1～2年再出圃定植。

4）管理维护

（1）锄草施肥：每年锄草松土3～4次。秋冬季全面深翻，每年的3～4月及8～9月各进行1次锄草松土，起到疏松土壤、消灭杂草、保水保肥的作用。

（2）整枝修剪：防止树冠过低，及时修剪内膛枝、过密枝、交叉枝、病虫枝、枯弱枝，促使幼树形成良好的树形。定植后的3～5年内，应全部修剪去出现的花穗，减少养分消耗，促使夏秋梢生长壮实。鬼帚病枯梢应立即烧毁。

5）生长周期

花期为春夏间，果期为夏季。

10. 铜钱草

铜钱草（*Hydrocotyle chinensis*），学名中华天胡荽，多年生匍匐草本。

1）生物学性状

直立部分高8～37cm，除托叶、苞片、花柄无毛外，余均被疏或密而反曲的柔毛，毛白色或紫色，有时在叶背具紫色疣基的毛，茎节着土后易生须根。叶片薄，圆肾形，表面深绿色，背面淡绿色，掌状 5 ~ 7 浅裂；裂片阔卵形或近三角形，边缘有不规则的锐锯齿或钝齿，基部心形；叶柄长 4 ~ 23cm；托叶膜质，卵圆形或阔卵形。伞形花序单生于节上，腋生或与叶对生，花序梗通常长过叶柄；小伞形花序有花 25 ~ 50 朵，花柄长 2 ~ 7mm；小总苞片膜质，卵状披针形。花在蕾期呈草绿色，开放后呈白色；花瓣膜质，顶端短尖，有淡黄色至紫褐色的腺点。果实近圆形，基部心形或截形，两侧扁压，黄色或紫红色。

2）作用

（1）观赏价值：因其外形小巧滚圆，易于生长，有着很高的观赏价值。

（2）净化水质：可作为净水植物生长在水中。

3）种植方法

采用播种法，多在每年 3 ~ 5 月进行，保持栽培土湿润，约 1 ~ 2 周即可发根。

4）管理维护

铜钱草对肥料的需求量较大，生长旺盛阶段每隔 2 ~ 3 周需追肥一次。由于其叶片多，蒸腾量大，夏季要经常向植株喷水，以保持较高的空气湿度，叶片应保持干净，以利于光合作用。

5）生长周期

花果期为 5 ~ 11 月。

8.3　生态田埂的管理与维护

8.3.1　植物管理

田埂是维持农田生态系统生物多样性的重要功能模块。开花植物能够吸引大量寄生蜂类天敌、甲虫等节肢动物，因此对农田病虫害有一定的控制作用（初炳瑶等，2020）。田埂保留自然植被的稻田在吸引天敌昆虫、对害虫的防控两方面能力也较强，是由于自然植被的植物种类丰富，并且也存在许多开花植物，能够吸引一些寄生蜂、蜘蛛、甲虫等天敌，为其提供了丰富充足的食物，并且在农田进行耕作换作的时候为天敌动物提供了临时栖息地或者避难场所。要保证生态田埂的功能，需要保障田埂植物的正常生长。田埂毗邻农田，生态田埂的植物能够吸收利用农田的部分养分，一般不需要特别的管理，但在干旱季节需要及时灌溉保障田埂植物的土壤水分。另外，在田埂植物生长过于旺盛时，可能会影响农田作物的生长，遮挡了田埂周边作物的阳光，过分吸收农田的养分，与农田作物过度竞争，而且还会影响田埂的通行功能。因此，在田埂植物生长过于旺盛时，需要对田埂植物进行修剪或者间疏，修剪的植物可以用于喂养水产养殖动物或者用于绿肥还田，可以节约饲料或肥料。

8.3.2　鼠害管理

在日常维护中，需要注意鼠兽危害，对遭受鼠兽破坏的田埂，需要及时进行修补，保证农田不漏水漏肥。同时，需要对鼠兽进行防治，避免其危害扩大。农田特别是"综合种养"农田对灭鼠安全性要求较高，应尽可能减少化学杀鼠剂的使用，大力推广粘鼠板、鼠夹、双开门鼠笼等物理灭鼠的方法。即使选择药物灭鼠方式，也要采用毒饵站进行保护性投饵。可以通过保护和利用有益生物，如犬科、猫科等捕鼠。也可以广泛发动群众进行人工捕获，可使用堵洞、灌水、灌沙等方式灭鼠（张桂林等，2019）。同时，要把握好灭鼠时机，春夏播种季节、夏秋成熟收获季节、夏季鼠类怀孕哺乳期，都是灭鼠的关键时间。

第 9 章　生态道路技术

9.1　生态道路的建设理念

　　生态道路建设理念是针对道路工程的特点，本着"以人为本、环境友好、资源节约"的原则，综合考虑道路与周围环境、人、车之间的相互作用，以"构建生态道路"为宏观目标，以"节约资源与能源、保护环境、保障行车安全、降低环境污染、增强绿化景观生态性"为设计理念，集成了道路、环境、绿化景观等多种学科，从而形成道路建设生态综合技术，促进道路交通与环境和自然资源的和谐发展。

　　生态道路建设应体现"节地、节材、节能与节水"的共性理念，因地制宜地提高资源的循环利用和再生利用率。绿色生态道路标准体系包含规划、设计、施工与运营养护的全寿命周期，相应的生态道路建设的关键技术主要从道路生态规划设计、景观绿化布局、环境质量控制、能源资源节约利用、运营与养护管理等方面展开。

　　目前国外关于绿色生态道路相关的研究主要针对生态公路，国外一些发达国家在生态公路规划设计方面充分体现了"尊重自然、恢复自然"的观念。国外生态公路的建设非常重视公路生态环境的恢复与维护，依靠高新技术，形成路域环境综合治理、有限的水土资源合理利用、配套完善的持续整治及集约化发展经营的技术等。主要成功的经验主要有以下几点：线路规划注重生态补偿，布设尽力避开环境敏感区域，随地形地势布设，以减少对植被的破坏；加大投入，增大桥隧比例，灵活设计线形，避免深挖路堑和高填路基；保留野生动物栖息地，按动物习性布设迁移通道；开展排水沥青、降噪路面等技术研究和应用；优选绿色施工方法，加强立法，树立全民自然保护意识。

　　国内关于绿色生态道路建设关键技术研究较为宽泛。生态道路规划设计包括道路与地形地貌、道路线形的连续性和可预见性，以及生态道路的几何设计和人性化设计等方面，减少道路后期修建对生态环境的影响。生态道路景观布局应保留已有的自然景观轴线，打通生态廊道，确立以山、城、水、林自然生态为基础的生态格局，注重与周边自然生态景观的协调性和能动性。

　　植物配置是生态道路最基本、最重要的组成要素，道路绿化应当模拟自然状态下的绿色植被环境，为动植物留下一定的生境，使其之间可以形成某种生态平衡。道路质量控制主要包括生态保护技术与污染物防治技术，如水环境保护、空气环境保护、噪声防治技术等，全面实现道路绿色施工建设。资源节约主要为道路路面材料利用技术，如耐久性桥梁和耐久性路面的使用可以使道路使用寿命提高，减少路面大中修，避免浪费资源；用废轮胎加工成橡胶粉，添加到沥青混合料中实现资源再生利用；通过降噪乳化沥青、有机硅预养护材料、精细抗滑碎石等绿色路面材料在公路工程中的推广应用，实现公路建设的绿色可持续发展；采用温拌沥青或热再生、冷再生技术，大幅度降低路面大中修所需的沥青、砂石等，避免材料废弃和环境污染。

9.2　生态道路修筑技术

9.2.1　生态道路的修筑原则

　　生态道路的修筑在生态农业建设中应用较多，主要是运用生态建设的理念对田间道路进行改造。田间道路是指修建在乡村或者农场上，为满足人们生产与生活需要而修建的，主要目的是为行于其上的运输工具提供通行用的道路，它关系到农业生产、交通运输、农民生活和农业机械化等方面的正常运输和发展。田间道路包括机耕路和生产路，其布置应适应农业现代化的需要，在田、水、林、路、村规划的基础上，统筹兼顾并合理确定田间道路的密度。生态道路是对田间道路工程中的生产路与机耕路进行新建或提升改造，即优化道路路面要因地制宜，适当提升改造，在不影响农田道路功能前提下，进行生态化改造，构造以"灌木－草本"为主的生态系统。绿化遵循病虫害生态防治、物种多样、景观优美等原则，实现田间道路的生态功能。

　　根据机耕路的功能及使用特点的不同，还可以将其分为一级机耕路和二级机耕路。一级机耕路主要指连接村与村，为方便运输农用品，顺利实现农业机械通行，并为农用机器加水、加油等目的而服务的道路；二级机耕路是指将居民点与田块、生产路与一级机耕路进行连接，为实现农业机械进行田间作业而服务的道路，主要发挥衔接连通的作用。一级机耕路以保证道路路面稳定、车辆通行安全为主要任务，应当选用水泥混凝土、热拌沥青碎石或沥青混凝土作为面层，使道路表面平整、密实、粗糙度适当；二级机耕路要注重生态设计，主要采用砂石路面，以砂、石等为骨料，以土、水、石灰为结合材料，以泥结碎石、级配碎石等作为面层，并与草地相结合，除车辙外在路中间可考虑种植草带，有利于涵养水分。过水路面则必须采用水泥混凝土路面面层，不宜使用碎石、砂石等稳定性不高的材料，以免造成资源浪费。

生态道路的修筑一般从三个方面综合考虑，主要包括：路线设计、路肩设计和边坡防护设计。修筑生态道路时要在这三个方面遵循一定的原则和思路，具体如下：

（1）路线设计。以田间道路的最大纵坡平原地形为 6% ~ 8% 为例，在挖方路段、设置边沟的低填方路段，以及其他横向排水不畅的路段，出于排水的考虑，田间道路设置不小于 0.3% 的纵坡（一般情况下以采用不小于 0.5% 为宜）来防止水渗入路基而影响路基的稳定性。在路线的横断面上，为了保障各类农用机械、车辆安全顺畅通行所需的宽度，一级田间道路的路面宽度一般为 4.0 ~ 6.0m，路基宽度为 5.0 ~ 7.0m；二级田间道路的路面宽度为 3.0 ~ 4.0m，路基宽度为 4.0 ~ 5.0m，路拱坡度 1.2%。

（2）路肩设计。田间道路两侧一般采用土路肩，可以在路肩上种植草皮、花草、绿篱，以便更好地渗透水分，减少水流的侵蚀，延长道路的使用寿命；或者使用彩色路缘石进行点缀，从布局和色彩上营造层次美，变土路肩为"绿色路肩"。这种绿色路肩不仅能节约土地资源，也能节约道路建设使用的碎石、沙土等材料，还能节约今后的道路养护费用，减少道路设计施工时对环境资源的索取及对生态系统的破坏。

（3）边坡防护设计。如若土壤潮湿，含水量高，容易造成路基不稳定地区，需要进行边坡防护。通常情况下采用岩石和混凝土作为边坡材料，但是岩石容易被风化，混凝土容易出现老化现象，随着时间的推移，护坡强度会逐渐下降、防护效果不佳。对边坡栽植草皮并覆上植物，让它们的根系交叉蔓延、抓裹土壤，使土壤团结在一起，可以起到防止冲刷、保持水土、稳定路基的作用。

9.2.2　生态机耕路修筑技术

生态田间道路建设要综合考虑道路建设与周边环境的协调发展，建议建设非完全混凝土硬化道路，可采用石灰岩碎屑、砂石或碎石硬化，减少土壤封闭性，增加田间道路透水性，提高生态服务功能。通过采用田间生态道路和护坡植物篱防止路面尘土、过度硬化和水土流失。道路绿化应先保护后绿化，如保护地标树和乡土树，道路绿化应遵循树种多样、乡土为主、色彩丰富、突出特色、景观优美等原则，合理搭配乔灌草，大力提高道路绿化具有的遮阴、降温增湿、滞尘、减弱噪声等生态服务功能。

根据《高标准农田建设通则》的相关规定，广东省机耕路的路面宽度宜为 3 ~ 6m，在大型机械化作业区，机耕路的路面宽度可适当放宽。具体宽度根据现有路基宽度、通车频率及通车量确定。机耕路要与乡村道路相协调，设计合理，宽窄适宜，平直顺畅。一级机耕路与乡村公路相接，宽 5 ~ 6m，关键路段路面采用混凝土硬化，保证晴雨天畅通，能满足农产品运输和中型以上农业机械的通行。二级机耕路与一级机耕路相连，宽不小于 3m，路旁设置排水沟。所有道路应配套桥、涵和农机下田（地）设施，便于农机进出田间作业和农产品运输。按照《农村公路建设暂行技术要求》中的相关规定，结合实际情况，设计路面宽度、基层和结构层厚度，路面结构层厚度不应小于表 9-1 规定的厚度值。

表 9-1　各类路面结构层最小厚度值

路面类型	结构层类型	结构层最小厚度值 /mm
水泥路面层	水泥混凝土	180
其他路面	砖块路面	120
	块石路面	150
	水泥砼块路面	100
	砂石路面	100
路面基层	水泥稳定类	150
	石灰稳定类	150
	工业废渣类	150
	柔性基层	150

9.2.3　生态生产路修筑技术

生产路是指联系田块，以实现田间作业机械、小型农用运输及人力、畜力车通往田间的道路，主要起到运输田间货物，为人工田间作业、管理及收获农产品提供服务的作用。由于生产路直接面向田间生产，为田间作业服务，因此一般布局在田块的长边，在田块之间沿沟渠进行布置。生产路根据《高标准农田建设通则》的相关规定，生产路的路面宽度不宜超过 3m，可采用砂石、泥结石类路面、素土路面硬化，同时与种植草带相结合。施工总体布置除应遵循因地制宜、因时制宜、利于生产、方便生活、快速安全、经济可靠、易于管理的原则外，还应兼顾以下几点：实用性、合理性、安全性（李琳等，2018）。

生产路工程施工工艺步骤：施工准备—测量放线—路床整平—路基压实—砂

石路面铺筑—交工验收。

1. 测量放线

依据生产路设计长度、宽度对生产路进行定位放线，计划采取 50m 测绳，配合标杆，依据实际地形和生产路设计位置，用水壶装满生石灰水，按量好测绳线段浇出白线。放线具体标准为 2m 宽生产路放线标准为路面 2m，素土路肩每边 0.3m，每边留有 0.1m 边坡，累计放线宽度 2.8m。

2. 路床整平

（1）测量定位放线后，经建设、监理单位等相关部门验线复核，确定无误后破土动工。

（2）新修段路基用推土机或铲车将开挖排水沟挖上来素土依据实际地形进行整平，如实际地形高差改变较大时，要按实际地形将路基修成斜坡式，但坡度不能超出 1/30，如坡度太大时要拉长坡长。

（3）如有部分段修在原生产路上，要用挖掘机将原路面挖松后再进行整平，以避免路面产生分层现象。

（4）路床整平时，要严格按放线标准进行施工。路面要修成鱼脊式，中间高，两边低，路中要高出路肩 15 ～ 20cm。

3. 路基压实

采取 80 ～ 120kN 光面压路机碾压 2 ～ 4 遍，具体碾压参数由现场确定。在构筑物边角碾压机械不易压实及靠近构筑物 1m 范围内不宜采取压路机压实部位，辅以小型打夯机扎实。

4. 砂石路面铺筑

1）材料准备

砂石路面所用材料为 40% 0.5cm 和 1 ～ 2cm 石子，10% 生石灰，55% 素土。材料拌合拟在 200m 设一个拌合点，将已经粉碎好的生石灰和素土全部用 1cm 孔径钢丝筛去除杂质和大块土块后，用铲车将三种材料按百分比配好进行拌合，要连拌 3 ～ 4 遍，直至完全拌匀为止。

2）摊铺砂石拌合料

将事先拌合好的材料用铲车或拖拉机按松铺厚度进行摊铺，要铺匀、铺平，并铺出路拱。松铺系数为 1.2 ～ 1.3 左右。

3）初步碾压

初碾目标是将碎石颗粒和其他材料碾紧，所以拟选择振动压路机进行碾压为宜。碾压遍数不低于 2 ~ 4 遍（后轮压完路面全宽，即为一遍），碾压至碎石无松动为度。

4）洒水

洒水要均匀，洒水速度要缓慢，以使水渗透到碎石层底部为宜，但不要太多，以使摊铺砂石全部渗透为宜。

5）嵌缝料铺撒

待水渗透完，路面达成不沾泥后，在未干砂石层路表面上撒一层 0.3mm 厚嵌缝料（石屑或石粉），以填塞砂石层表面空隙，嵌缝料要撒均匀。

6）碾压

路表面撒完嵌缝料后，待表面已干而内部尚处于半湿状态时，再用三轮压路机继续碾压，并随时注意路面返浆情况，直碾压到无显著痕迹及材料完全稳定为止。

7）质量要求

路面要平整、坚实，不得有松散、弹簧等现象。用压路机碾压后，不得有显著痕迹。面层和其他构筑物结合部位不得有积水现象。施工后路面外观尺寸许可偏差应符合相关规范要求。

9.3　生态道路植物配置

丰富的植物资源是进行道路绿化景观的基础，植物作为生态系统中的主要生产者，通过其生理活动的物质循环和能量流动，如光合作用释放氧气、吸收二氧化碳，蒸腾作用降温散热、根系矿化作用净化地下水等，对生态系统进行改善与提高。因此道路绿化可以净化空气，吸收二氧化碳，提高道路及周边环境质量，调节气候，保持水土，形成景观。同时可以调节湿度和温度，延长道路使用期限，当太阳照射到浓绿的树冠上时，有 30% ~ 70% 的辐射热被树冠吸收，并通过蒸发作用带走大量的热量，从而降低周围的温度。浓密的树木冠幅能直接降低路面的温度，延长道路的使用寿命。植物是生态道路最基本、最重要的组成要素，利用其对道路进行绿化，可对道路周边水、土、气等环境有重大影响，合理的植物搭配也利于道路生态化的发展，还可以增添环境美意。因此，植物在生态道路建设中具有重要作用。

9.3.1　生态道路植物选择

1. 乔木

乔木在生态道路绿化中多作为行道树,行道树树种的合理选择是维系道路"绿色走廊"的关键,既有景观功能,又有生态功能,同时也能为行人、非机动车遮阴和美化街景。种植较多的有香樟、阴香、银杏、悬铃木、雪松、凤凰木、榕树、梧桐等。由于乔木树种种类丰富,各有特点,选择时应注意:

(1)株形整齐,具有较高的观赏价值(或花、叶、果实特别,或花期较长、颜色鲜艳),秋季叶变色为宜,冬季可以观树形、赏枝干。

(2)树冠十分整齐,主要枝干伸展后与地面形成角度大于30°,叶片密实,具有浓荫。

(3)有强健的生命力,病虫害较少,管理方便,花、果、枝、叶都没有不良气味。

(4)树木发芽早、落叶晚(落叶周期较短,便于集中清扫),适合本地生长。

(5)树种具有一定的耐污染、抗烟尘能力。

(6)树木生长速度较快,寿命较长。

(7)耐修剪、少有花絮纷飞。

(8)在人流、车流较大的地区不应选择落果乔木,道路视线较好、对人车没有影响的位置可考虑种植落果乔木。

2. 灌木

灌木作为道路绿化最基本、最重要的组成要素之一,具有色彩斑斓、品种丰富、耐修剪、造型多变等特点,灌木多种植于分车带、人行道绿带,可以遮挡强光、降低噪声、净化环境等。应用较多的有榆叶梅、小叶女贞、杜鹃、紫薇、丁香、小檗、大叶黄杨等。灌木选择时应注意:

(1)株形优美,枝叶丰满,花期较长,花多且显露,萌蘖枝较短、较少,以免妨碍交通。

(2)植株少刺或无刺,叶色之间有变化,有错落感与层次感,耐修剪,易于人为控制其树形与高度。

(3)易繁殖,便管理,耐灰尘和抗路面辐射。

3. 地被植物

地被植物的合理种植可防止水土流失、能吸附尘土、净化空气、调节温湿度,并且具有一定的经济和观赏价值,选择时应根据当地气候、湿度、温度及土壤等多种条件选择茎叶茂密、生长能力强、抗病虫害和管理粗放的植物，进而达到生态、美观、科学的目的。草坪地被植物应选择耐寒、萌蘖力强、耐修剪、耐践踏、株矮叶细、抗旱和绿色期较长的物种，例如马蔺、天堂草、狗牙根、富贵草等。

4. 草本花卉

草本花卉具有很强的美化与装饰效果，可将其花期长、种类多样、成本低、色彩丰富、适应力强等特点合理地运用到生态化道路的建设当中。根据当地的生态小环境需选择不同的品种，例如喜热畏寒的波斯菊、万寿菊、一串红、百日草、彩叶草、芭蕉等；喜欢寒冷气候，耐寒能力强的紫罗兰、郁金香、虞美人、金盏菊、雏菊等；长期在阳光下长势较好的金鱼草、玫瑰、向日葵等。因此，正确地选择适合当地生长的品种，与乔、灌木巧妙搭配，合理配置，会使植物之间富有层次感、色彩感，从而达到防护与观赏的双重目的。

9.3.2　生态道路植物配置原则

1. 遵从植物的生态学及生物学特性

植物有其生长发育的自然规律，不同的环境生长着不同的植物种类，因地制宜，适地适树，多种植乡土树种，注意保护地方特色，不能盲目地引进外来物种。在进行道路绿化植物配置时，应模拟自然生态环境，创造复层结构，使具有不同生物特性的植物各得其所。因此，需要根据生长环境、植物生物学特性等对生态道路绿化植物进行配置，不能盲目地将乔、灌、草植物进行搭配。例如，由于北方冬天温度低，以及北方的土壤碱性较强，一些南方树种到北方栽种后其存活率大大降低，如桂花、木棉等。此外，各个地方应根据当地特色大力种植乡土树种，如重庆市市树黄桷树、南京市市树雪松、北京市市树国槐等都属于乡土树种，适应当地独特的气候与土壤。

2. 科学利用植物的互惠共生关系

物种多样性是促进道路自然化的基础，但不同的物种间存在着竞争与共生关系。因此，生态道路绿化植物需要根据植物的互惠共生关系进行选择。如榆树与栎树、白桦为邻，栎树和白桦会发育不良，栎树、白桦林下灌木、杂草会生长不良。主要是由于这些植物分泌出某种气体或液体，如有机酸、挥发油等，会抑制其他植物的生长。

3.利用植物的抗性合理栽植

汽车尾气是道路大气污染的主要来源，含有多种有害成分，但植物往往对一种或几种有害成分有较高的抗性，对某些成分的抗性较弱或较敏感。因此，利用植物的抗性合理栽种景观植物是生态道路减少汽车尾气的主要手段之一。如加杨对二氧化硫具有较高的抗性，但却对氯气的抗性较弱，所以需要搭配合欢等对氯气抗性强的植物进行栽种，才能达到净化汽车尾气的最佳效果。此外，某些植物对汽车扬尘有较好的滞尘效果，但却对汽车噪声的消减效果较差，在选择时就需要进行合理的配置。

4.发挥植物创造观赏景观的特点

植物的观赏特性主要表现在形态、色彩、芳香、质地及感应等方面。观叶植物与观花植物搭配可以丰富道路的观赏景观。如银杏叶变黄、枫叶变红等都各有特色，在秋季会成为道路独特的景观，而与观花植物相结合则会延长道路景观的观赏周期。颜色对比度大的树种，如淡绿色的柳树、浅绿色的梧桐与深绿色的香樟等搭配，可以创造出独特的景观。而高低不同的大型叶棕榈与凤尾丝兰组合在一起，则给人以热带风光的感觉。因此，生态道路绿化植物配置时注意发挥植物创造观赏景观的特点，会给乡村道路带来独特的风景。

5.因地制宜选择合适的植物

草种的选择要结合各地的土壤、水肥等条件，选择繁殖能力强，对生长环境要求不高的草种，选择适应性和抗污染力较强、病虫害较少、不易产生污染的经济草种，如画眉草、鸭嘴草、蜈蚣草等；有条件的地方尽量实施乔、灌、草混交；在植树困难的强度侵蚀区，可选择耐干旱、适宜瘠薄土地种植的牧草和豆科植物；中度侵蚀区严禁破坏林草，可以通过封山育林和补植的方式，恢复自然植被。

植被种植应选择在雨季前后进行，种植后就可以利用天然的降水进行灌溉，既能节约水资源又能促进植被的生长，成活率更高，能尽快提高植被的覆盖率。虽然在植被种植初期防护作用不明显，但是随着植被的不断生长、繁茂，其强度逐渐增加，对保持坡面稳定和防止侵蚀的效果越来越好，植被护坡的方式还能恢复工程建设所造成的生态环境破坏。

种植时可以采取铺草皮卷、撒播草籽、喷播草籽的方式。经济条件允许的地区可以进行铺草皮卷，这种方式能形成速生草皮，施工方便，也能节约后期的管理费用，但是草皮价格高，对于大部分地区，建议采用撒播或者喷播草籽的方式种植。由于草籽较小，容易被雨水冲走，造成栽植不均匀、边沟生长过于茂盛的情况，因此播撒时要做到精细、均匀，播撒后要注重施肥、浇水。

　　表 9-2 和表 9-3 是华南地区农田生态道路植物配置的示例，通过选取当地生长旺盛的植物，并结合农业经济效益和生态景观理念，合理选择配置适宜的植物。

表 9-2　生态道路【机耕路】

植物	生态习性	种植区域密度	部位
黄皮	陆生	间隔 2m	路面两侧间作
栀子	陆生	间隔 2m	路面两侧间作
香根草	陆生	间隔 0.45m	斜坡
紫穗狼尾草	陆生	间隔 0.5m	路面
垂花悬铃花	陆生	间隔 3m	路面中间一侧间作
长果桑	陆生	间隔 2.8m	路面中间间作

表 9-3　生态道路【生产路】

植物	生态习性	种植区域密度	部位
中华结缕草	陆生	—	铺满路面
香根草	陆生	间隔 0.45m	斜坡
紫穗狼尾草	陆生	间隔 0.5m	路面
蓝雪花	陆生	0.58 盆 /m	道路一旁绿化带内
垂花悬铃花	陆生	间隔 3m	路面中间一侧间作
长果桑	陆生	间隔 2.8m	路面中间间作

9.4　生态道路的管护

　　绿化施工也有"三分种、七分养"说法，施工种植完成后，养护是关键，养护不及时，先期施工完的植物就可能出现病死现象，严重影响景观质量。好的施工养护，是整个绿化工程的重点，如养护不重视，会出现"一年青，二年黄，三年死光"的现象，这属于有头无尾的施工，是不负责的表现。应准备相应的养护设备、材料、人员，种植施工完成后，养护就得跟上，这是绿化施工必备，不是可有可无的，是绿化施工管理的重点。

9.4.1 灌木养护

1. 浇水与排水

（1）浇灌本着节约用水的原则，提倡使用符合要求的中水或收集的雨水。

（2）应根据树木品种的生物学特性适时浇水。浇水应浇透，树穴浇水后应适时封穴，不封穴的表土干后应及时松土。

（3）春季干旱季节必须浇解冻水；夏季雨天注意排涝，积水不得超过12h。

（4）应根据灌木品种的生物学特性适时适量浇水。

（5）浇水应浇透，浇水前应进行围堰，围堰应规整，密实不透水。围堰直径视栽植树木的胸径（冠幅）而定。

（6）干旱季节宜多灌；雨季少灌或不灌；发芽生长期可多灌；休眠期前适当控制水量。

（7）浇水应采用 pH 和矿化度等理化指标符合树木生长需求的水源，保证水源的 pH 在 5.5～8.0，矿化度在 0.25g/L 以下。

（8）新补种灌木 7d 内、施肥后 2d 内应每天淋水一次，之后 1～3d 淋一次，干旱季节所有灌木花坛、绿篱，根据实际情况每周淋水 2～3 次。

（9）必须浇返青水和冻水，浇冻水后应及时封穴。

（10）应及时排出树穴内的积水。对不耐水湿的树木应在 12h 内排除积水。

（11）做好针叶树的维护工作，浇水时应避免或减少对针叶树的危害。

（12）浇灌设施应完好，不应发生跑、冒、滴、漏现象。

2. 施肥

（1）根据灌木品种需要、开花特性、生长发育阶段和土壤理化性质状况，选择施用有机肥，春秋季适时施肥。

（2）施肥时宜采用埋施或水施的方法，肥料不宜裸露；应避免肥料触及叶片，施完后应及时浇水。

（3）根据灌木的种类、用途不同酌情施肥；色块灌木和绿篱每年追肥至少1次。

（4）应根据树种需要，选择施用有机肥、无机肥以及专用肥。

（5）施肥时应符合下列要求：①休眠期宜施有机肥作基肥；②生长期宜施缓释型肥料；③花灌木施追肥应在开花前后；④叶面施肥宜在早晨或傍晚无风、无雨天气进行。

（6）施肥方法可采用环施、穴施或沟施方式。环施应在树冠正投影线外缘，深度和宽度一般为 30 ~ 35cm。挖施肥沟（穴）应避免伤根。

（7）施有机肥必须经充分腐熟，化肥不得结块，酸性化肥与碱性化肥不得混用。

（8）阔叶类乔灌木叶面喷肥浓度宜控制在 0.2% ~ 0.3%；针叶树种宜施苗根肥。

（9）采取促花、抑花、催熟、抑熟、矮化等特殊措施时，可选用激素类、催熟剂、生长抑制剂等进行调节控制。

3. 修剪

（1）常绿灌木除特殊造型外，应及时剪除徒长枝、交叉枝、并生枝、下垂枝、萌蘖枝、病虫枝及枯死枝。

（2）观花灌木应根据花芽发育规律修剪，对当年新梢上开花的观花灌木应于早春萌发前修剪，短截上年的已花枝条，促进新枝萌发。

（3）对当年形成花芽，次年早春开花的观花灌木，应在开花后适度修剪，对着花率低的观花灌木，应保护培养老枝，剪去过密新枝。

（4）造型灌木（含色块灌木）的修剪，按规定的形状和高度进行，做到形状轮廓线条清晰、表面平整圆滑。

（5）灌木过高影响景观效果时应进行强度修剪，宜在休眠期进行；修剪后剪口或锯口应平整光滑，不得劈裂、不留短桩，剪口应涂抹保护剂。

（6）绿篱修剪应做到上小下大，篱顶、两侧篱壁三面光；还应严格按安全操作技术要求进行，并及时清理剪除的枝条、落叶。

（7）树木修剪应符合以下基本要求：①剪口应平滑，不得撕裂表皮，从基部剪去的枝条不得留橛；②进行枝条短截时，所留剪口芽应能向所需方向生长，剪口位置应在剪口芽 1cm 处；③截除干径在 5cm 以上的枝干，应涂保护剂；④因特殊原因必须对树木进行强剪时，修剪部位应控制在主干分枝点以上，剪口应平滑，不得劈裂，茬口必须涂保护剂。

（8）花灌木修剪应符合以下特殊规定：①具有蔓生、匍匐生长习性的花灌木（如连翘、迎春、平枝栒子），应以疏剪为主；②春季先花后叶的灌木，应于开花后再进行春梢修剪，春梢留芽以 3 ~ 5 个为宜；③夏秋季开花的灌木（如木槿、珍珠梅、锦带花等）应在早春芽萌动前修剪，花后修剪枝条留芽 3 ~ 5 个为宜；④顶芽开花灌木（如丁香等）不宜进行短截；⑤多年生老枝上开花灌木（如紫荆等），应培养老枝，剪除过密的新枝和枯枝。

4. 中耕除草

（1）应适时中耕、松土，以不影响根系和损伤树皮为限，深度宜 5 ~ 10cm。

（2）灌丛下、花丛中的杂草、藤本植物应及时铲除，根部附近的土壤应保持疏松。

（3）清除的杂草应随时运出。

5. 补植与改植

（1）枯死的树木，应连根及时挖除，并选规格相近、品种相同的新苗木补植。新补植的树木应视情况做加固性保护。

（2）补植的时间应按照绿化补植工程的计划完成，并根据不同树木移栽的最佳时机确定。

（3）在树木生长期内移植时，应在不影响植物株形的情况下修剪部分枝条和叶片。

（4）对已呈老化或明显与周围环境景观不协调的灌木应及时进行改植。

（5）补植的树木应与栽植地段原树木的品种及规格一致。

（6）新补植的树木应按照树木种植导则进行，施足基肥并加强浇水等保养措施，保证成活率 100%。

（7）特殊环境下的树木应做到以下保护：①车流量、人流量大的地方，应设围栏或树池保护板；②处在施工现场内的树木应用竹片等材料包扎。

6. 防风、防寒及防意外

（1）防风、防寒设施应坚固、美观、整洁，无撕裂翻卷现象。

（2）在秋季做好排水工作，停止施肥，控制灌水，促进枝干木质化，增强抗寒能力。需要冬季防寒的树木应采取必要的防寒措施。

（3）设风障防寒应在迎风面搭设，高度应超过株高，风障架设必须牢固、美观。

（4）不耐寒的树木要用防寒材料包扎主干或包裹树冠防寒。如遇到下雪天气应及时清除树枝、树杈上的积雪，无积雪压弯、压伤、压折枝条现象。

（5）遇雷电风雨、人畜危害而使树木歪斜或倒树断枝，应立即处理并疏通道路。

9.4.2　乔木养护

1. 浇水与排水

（1）乔木栽植后当时浇透第一遍水，三天内浇第二遍水，一周内完成第三遍水；浇水应缓浇慢渗，出现漏水、土壤下陷和乔木倾斜，应及时扶正、培土。

（2）黏性土壤，宜适量浇水；根系不发达树种，浇水量宜较多；肉质根系树种，浇水量宜少。

（3）土虽不干，但气温较高，水分蒸腾较大，应对地上部分树干、树冠包扎物及周围环境喷雾，早晚各一次，在 10 时前和 15 时后进行。灌溉要一次浇透，如有需要可覆盖根部，向树冠喷施抗蒸腾剂等方法降低蒸腾强度。严寒的冬季在中午浇水为宜。

（4）久雨或暴雨时造成根部积水，必须立即开沟排水。

2. 施肥

（1）根据不同生长季节的天气情况、不同植物种类和不同树龄适当淋水，并在每年的春、秋季重点施肥 2 ～ 3 次。

（2）施肥量根据树木的种类和生长情况而定，种植 3 年以内的乔木和树穴有植被的乔木要适当增加施肥量和次数。

（3）肥料要埋施，先打穴或开沟。施肥后要回填土、踏实、淋足水，找平，切忌肥料裸露。乔木施肥穴的规格一般为 30cm×30cm×40cm，挖沟的规格为 30cm×40cm。挖穴或开沟的位置一般是树冠外缘的投影线（行道树除外），每株树挖对称的两穴或四穴。

3. 修剪

（1）考虑树种的生长特点如萌芽期、花期等，除棕榈科植物外，其他乔木一般在叶芽和花芽分化前进行修剪，避免把叶芽和花芽剪掉，使乔木花繁叶茂。

（2）乔木整形效果要与周围环境协调，以增强美化效果，行道树修剪要保持树冠完整美观，主侧枝分布匀称和数量适宜，内膛不空又通风透光，根据不同路段车辆等情况确定下缘线高度和树冠体量，树高一般控制在 10 ～ 17m，注意不能影响高压线、路灯和交通指示牌。

（3）修剪时按操作规程进行，尽量减小伤口，剪口要平，不能留有树钉；萌枝、下垂枝、下缘线下的萌蘖枝及干枯枝叶要及时剪除。

4. 补植与改植

及时清理死树，要求在两周内补植回原来的树种并力求规格与原有的树木接近，以保证优良的景观效果。补植要按照树木种植规范进行，施足基肥并加强淋水等保养措施，保证成活率榕树类达100%，其他树种90%。对已呈老化或明显与周围环境景观不协调的树木应及时进行改植。

5. 防风、防寒及防意外

（1）暴风雨前加强防御措施，合理修剪，加固护树设施，以增强抵御暴风雨的能力。暴风雨吹袭期间迅速清理倒树断枝，疏通道路。

（2）暴风雨后及时进行扶树、护树，补好残缺，清除断枝、落叶和垃圾，使绿化景观尽快恢复。同时要求随着树木的长大，及时将护树带或铁箍放松，以免嵌入树皮内。

（3）遇雷电风雨、人畜危害而使树木歪斜或倒树断枝，要立即处理、疏通道路。

（4）对生长不均衡树木主干或延伸较长的枝丫设立支柱，以防风折。暴风雨前后加强管理，以增强抵御暴风雨的能力。

6. 创伤的修复

树木受到雷电风雨、人畜危害而受到创伤，会造成劈裂、折断、腐枝、疮痂、溃疡、孔洞、剥皮、干枯等创伤。对于创伤要及时处理，首先要加以清除、剪除或挖除，消除腐垢杂物后，进行消毒和防腐处理。

9.4.3　草坪养护

1. 灌溉

水是草坪草的生命基础，为了给草坪提供最佳的生长条件，应该依照降水量和土壤的水分蒸发蒸腾损失总量对草坪进行灌溉。在干旱季节，通常每周草坪需灌溉25mm左右，准确的灌溉需求可依据对降水和蒸发的测量，并结合草坪草能维持正常生长的最小需水量来确定。如果灌溉始于水分缺乏的干燥季节，持续灌溉就变得尤为重要。频繁少量的灌溉不提倡，因为这会使草坪根系分布变浅，降低耐旱能力。

2. 施肥

（1）常用肥料及其特点：复合肥一般分为速溶和缓溶两种，是草坪的主要用肥。速溶复合肥用水溶后喷施，缓溶复合肥一般直接干撒，撒肥要均匀并及时浇水。尿素为高效氮肥，常用于草坪返绿，但草坪使用氮肥过多会造成草坪抗病力下降，且使用浓度不当极易烧伤，不提倡多用。

（2）肥料选用原则：一级以上草坪选用速溶复合肥，二级、三级草坪选用缓溶复合肥，四级草坪基本上不施肥，农田生态道路属于四级草坪。

（3）施肥方法：速溶复合肥采用水溶法按 0.5% 浓度溶解后用高压喷药机均匀喷洒，施肥量为 1kg/80m^2；缓溶复合肥按 25 ~ 30kg/ 亩，均匀撒施，施后及时浇水使肥料完全溶化；尿素用水按 0.5% 浓度稀释后用高压喷药机喷施；所有施肥方法均按一片一区的步骤进行以保均匀。

（4）施肥周期：没有施用长效肥的特级、一级草坪每月施速溶复合肥 1 次，尿素只在重大节日或检查时才用于追施，二级、三级草坪每 3 月施放 1 次缓溶复合肥。

3. 草坪修剪

（1）剪草频度：特级草坪春夏生长季每 10（2 ~ 3）天剪 1 次，秋冬季视生长情况每月剪 1 ~ 2 次；一级草坪春夏生长季每 20（10）天剪 1 次，冬季每月剪 1 次；二级草坪春夏生长季每 45（15）天剪 1 次，冬季每 3（2）个月剪 1 次，开春前重剪 1 次；三级草坪每季度（月）剪 1 次；四级草坪每年冬季用割灌机彻底剪 1 次。在每次剪草应先测定草的大概高度，并根据所选用的机器调整刀盘高度，一般二级以上的草要遵循 1/3 原则。

（2）剪草步骤：清除草地上的石块、枯枝等杂物，选择走向，与上次剪草走向要求有至少 30° 以上的交叉，避免重复方向修剪引起草坪长势偏向一侧。启动发动机，逐渐加大油门，放下刀盘，合上离合开始行剪，速度保持不急不缓，每次往返修剪的截面应保证有 10cm 重叠，遇障碍物应绕行，四周不规则草边应沿曲线剪齐，转弯时应调小油门。若草过长应分次剪短，不允许超负荷运作，边角、路基边、树下的草坪用割灌机剪，但若花丛、细小灌木周边修剪不允许用割灌机，以免误伤花木，应用人工手剪剪完后将草屑清扫干净入袋，清理现场，清洗机械，做剪草记录及用机记录。

（3）剪草质量标准：剪割后整体效果平整，无明显起伏和漏剪，剪口平齐，四周不规则草边及转边位无明显交错痕迹，现场清理干净，无遗漏草屑、杂物。

4. 杂草控制

根据杂草生长情况，选用除草方法，一般少量杂草或无法用除草剂的杂草采用人工拔除，已蔓延开的恶性杂草用选择性的除草剂防除。

（1）人工除草：根据养护工所负责的区域随时完成除草工作，除草应采用蹲姿作业，不允许坐地或弯腰姿势，除草应用辅助工具连同草根一起拔除，不可只将杂草地上部分去除，拔除的杂草应及时清理，不可随处乱放。

（2）除草剂除草：使用除草剂除草应正确选用除草剂，喷除草剂时喷压低，严防飘到其他植物上，喷完除草剂的喷枪、桶、机等进行贯彻的清洗，并用清水抽洗喷药机几分钟，洗出的水不可倒在有植物的地方，靠近时花、灌木、小苗的地方禁用除草剂，任何草地上均禁用灭生性除草剂，用完除草剂要做好记录。

5. 补植与改植

（1）由于病虫害或其他原因，草坪往往会出现"斑秃"。如果"斑秃"面积过大，则严重影响景观。因此需要对草坪进行补播或补栽，使草坪保持完整，无裸露地面。理想的补栽措施是取同龄草补栽于"斑秃"处，使之草坪与原草坪一致。

（2）草坪生长季均可补播、补栽，以4月、5月、8月、9月中上旬进行补播最为适宜。

9.4.4　色带养护

色带养护以修剪为主，应采取"少量多次"的修剪方式，修剪得横平竖直，整齐美观，以1~1.2m高能挡住人的视线为宜。修剪后，及时喷施叶面营养剂，以减少叶面蒸腾造成的叶尖干梢枯黄。同时，色带与草坪搭配时，应按植物的生态习性采取分区浇水，保证各种植物生长良好。

第 10 章   生态沟渠技术

生态沟渠技术主要是通过在坡种草、在岸种树和在沟塘种植水生植物,设置多级拦截坝来固定坡、岸泥沙,从而大大减少水体中氮、磷的含量,达到清除垃圾、淤泥、杂草和拦截污水、泥沙、漂浮物的作用。新型生态沟渠通过加入人工基质材料,比较不同材料配比用来寻求最佳配方,以有效提高生态沟渠溶解氧浓度,并对氮、磷有较好的去除效果。生态沟渠在不影响农田沟渠正常的灌、排水功能的前提下,充分利用现有的农田沟渠空间,合理配置水生植物群落,根据高程适当配置水位调节闸门,延长沟渠内的水力停留时间,提升沟渠的生态功能,拦截农田排水中的有机物、悬浮物、氮、磷等污染物,并尽可能地实现一定的经济效益。

10.1   生态沟渠的设计及运行技术要点

田间沟渠是用于农田灌溉和田间排水的重要农田基本建设内容。排水沟如果过度硬质化,虽然有利于排水,但对田间面源污染物的拦截效率非常低,不利于农田面源污染防治。设计、建设兼顾排水和拦截农田面源污染物的生态沟渠具有重要意义。生态沟渠用于收集农田径流、渗漏排水,一般位于田块间。生态沟渠通常由初沉池(水入口)、泥质或硬质生态沟框架和植物组成。初沉池位于农田排水出口与生态沟渠连接处,用于收集农田径流颗粒物。生态沟渠框架采用泥质还是硬质取决于当地土地价值、经济水平等因素。土地紧张、经济发达的地区建议采用水泥硬质框架,而土地不紧张、经济实力弱的地区可采用泥质框架。生态沟渠框架(沟底、沟板)用含孔穴的水泥硬质板建成,孔穴用于植物(作物或草)种植。沟底、沟板种植的植物既能拦截农田径流污染物,也能吸收径流水、渗漏水中的氮磷养分,达到控制污染物向水体迁移和氮磷养分再利用目的。孔穴密度、沟底及沟板植物种植密度、植物种类和植物生长、沟长度、宽带、深度和坡度,水流速度及水泥性质等影响生态沟渠对农田污染拦截效率(图 10-1)。

生态沟渠由工程部分和植物部分组成,能减缓水速,促进流水携带颗粒物质的沉淀,有利于构建植物对沟壁、水体和沟底中逸出养分的立体式吸收和拦截,从而实现对农田排出养分的控制。农田面源污染在流入河道前,一般经过若

图 10-1　农田排水生态沟渠处理单元流程图

干级沟道系统，排水沟道长满各种水生植物，同时农民往往在沟道上修建一些临时挡水设施，以便对排水进行重复利用，这些都会减缓排水的速度（何昕宇，2021）。同时沟道中的植物及土壤对氮、磷进行吸收和吸附、脱氮、脱磷、植物吸收、渗滤和磷沉积，沟道中的微生物对氮、磷污染物进行转化和吸收，从而对排水中氮、磷负荷起到较好的去除和净化作用（董晓亮等，2006）。

　　常规排水系统主要功能只是单纯从水量方面满足农业灌溉和排水的要求。为了使排水系统同时还具备减污功能，必须在原有排水系统的基础上构建新式排水沟——减污型生态沟渠。由于常规排水系统是无控制的，必须改无控制排水系统为合理控制排水系统。根据以上要求，生态沟渠须满足排水及减污的双重目标，提出生态沟的设计及运行技术要点如下（何昕宇，2021）。

10.1.1　生态沟渠设计技术要点

　　总体原则：避免进行硬化处理，在满足设计排涝排渍要求的前提下，尽量采用宽浅式横断面和较平缓的纵坡。

　　（1）根据《灌溉与排水工程设计技术规范》，按照排涝排渍标准要求设计排水沟呈梯形横断面或者复式断面。

　　（2）排水沟沟底比降应根据沿线地形、地质条件，上下级沟道的水位衔接条件，不冲不淤要求，以及承泄区水位变化情况等确定，宜与沟道沿线地面坡度接近，在满足《灌溉与排水工程设计技术规范》排水要求的基础上，适当平缓，以利于植被生长。

　　（3）为防止沟坡坍塌并有利于植被生长，可采用以下方法进行边坡的设计：①采用可降解的生态袋填装混有草籽的土之后，呈阶梯状垒叠在生态沟两岸作为护岸，通水后草籽发芽生长，形成沟中湿地植被。②在梯形断面的护坡上呈阶梯状打入一排排紧密的木桩，木桩预先经过防腐处理，然后在木桩间填入土壤，在填好土的阶梯土上种植植物。③排水沟两侧铺设具有多个孔洞的蜂窝状混凝土预制板，以保持边坡稳定，在蜂窝状混凝土预制板的孔洞内栽种植物。④排水沟中的湿地植物，以当地的主要沉水植物或挺水植物为宜，如香蒲等。⑤在生态沟中每隔 300 ~ 500m 设置拦水闸，该闸门采用多级闸板，可对生态沟中水位进行调节，日常水位维持在 20 ~ 60cm 为宜。⑥根据需要，在闸门一侧设置量水刻度，便于进行水量计量。

10.1.2　生态沟渠运行技术要点

（1）汛期：打开所有级别的闸板，让排水快速通过，满足排涝的要求。

（2）日常：在满足排渍目标的前提下，根据排水流量的大小，通过闸板控制不同的沟中水深，降低水流速度，增加水力停留时间，达到对氮、磷面源污染充分净化的效果。一般使水流在沟中停滞 3 ~ 7d 以上为宜。根据我国南方典型观测，在非汛期，生态沟对氮磷的去除率可达到20% ~ 30%，汛期由于水流较大，没有足够的停留时间，去除效果降低。

（3）植被收割：在 11 月以后对沟渠中的植物进行收割，防止沟中植物的地上部分死亡后，残体发生分解造成营养物质的释放，产生二次污染。同时，若植被为经济作物，及时收割可以产生经济效益。

（4）清淤：对于多年运行后的沟渠，应对底泥进行疏浚，深度宜控制在 20 ~ 60cm 的范围，底泥疏浚可以有效地降低底层水体的耗氧量和腐殖质的含量，并有利于沉水植物的恢复。疏挖出的淤泥应结合周边地形地貌及作物类型，合理地进行处置。防止影响农作物耕种、边坡稳定，以及造成水土流失（何昕宇，2021）。

10.2　生态沟渠修筑技术

10.2.1　土质排水沟修筑技术

根据坐标控制点、水准测量点和规划图、横断面图，划定沟渠开挖区域和填筑区域，根据勘测结果和设计图纸计算土方平衡，制定合理的土方调度方案。土方开挖前，先清理开挖区和填筑区的植被和垃圾杂物等，并清运到指定地方堆放或处理。然后按照划定的区域开挖沟渠，挖出的土方在沟渠两侧填筑区堆置成田埂，并碾压表土使其紧实。多余的土壤可以平铺到附近农田中。

工程遵循先地下后地上、先整体后局部的建设基本程序安排施工。

具体施工流程为场地清理→测量放样→基槽开挖→土石方运输→沟底夯实→边坡及路基修整→竣工交验。

（1）测量放样：全站仪放出排水沟上边缘的两边边线后，用白石灰撒出排水沟的开口线。

（2）基槽开挖：根据撒好的边沟边线，挖掘机配合自卸车挖运基础土石方，开挖基槽应从下游开始，以便下雨时水能排走。机械边开挖边用水准仪及时测量边沟底，设计高程，边坡按图纸为 1：1，沟槽两侧留 0.5m 的操作面宽，开挖至间距设计尺寸 10～15cm 时，改以人工挖掘。人工修整至设计尺寸，不能扰动沟底，坡面原土层开挖后保证边沟底的顺向纵坡度，不得超挖。基底要平整，保证无浮土。若遇到周边环境较差不适合机械开挖的断面，采用人工进行开挖。开挖后如不能立即进行下一道工序，应保留 10～20cm 的深度不挖，待下道工序施工前修整为设计沟底高程，开挖断面由底宽、挖深、各层边坡及层间留台宽等因素确定。

（3）土石方运输：本工程土石方采用自卸汽车运输，运至指定地点，按规范要求进行堆放。施工期间对弃土场进行管理，严禁工程以外的土石方运至工程弃土场。工程运输污染所涉及的主线道路，按照驻地监理要求及时清理。

（4）基底整平：基础开挖好以后，人工进行清底整平，采用蛙式打夯机对沟底进行整平夯实，基底承载力应符合施工规范要求。

（5）边坡整修：基底夯实后，人工采用铁锹等工具进行边坡整修，以保证排水沟基底平整、线形平顺。

10.2.2　多孔砖护坡排水沟修筑技术

在沟渠边壁采用"生态多孔砖－植物"的生态化设计。以生态基质如粉煤灰、陶瓷泥、沸石等混合成具大孔隙材料，浇筑具有足够强度和具有供植物生长的生态多孔砖。将生态多孔砖嵌装到沟渠最高设计水线以下两侧边壁。多孔砖护坡是利用多孔砖进行植草的一类护坡，常见的多孔砖有八字砖、六棱护坡网格砖等。这种具有连续贯穿的多孔结构，为动植物提供良好的生存空间和栖息场所，可在水陆之间进行能量交换，是一种具有"呼吸功能"的护岸。同时，异株植物根系的盘根交织与坡体有机融为一体，形成对基础坡体的锚固作用，也起到透气、透水、保土、固坡的效果。

1. 施工技术与工艺

（1）清理杂物、平整场地。须将垃圾、石块等清理干净，翻土厚度 15mm，平整场地。

（2）铺设混凝土多孔砖，沿沟渠依次摆放。

（3）灌浆。配置的营养基材浆体中拌入适量的草种，灌注到混凝土空隙中，且注入尺寸不应小于 5cm，为植物生长初期提供必要的营养元素，提高植物的成活率和生长效果，并引导植物根系向下生长、深入且穿透植生混凝土中。

（4）覆土。覆盖 8cm 厚的种植土，尽可能采用原生土，对植物具有很好的适应性，可掺入少量粉煤灰，粉煤灰化学成分主要是二氧化硅、三氧化二铝、氧化钙、氧化镁、三氧化二铁等金属氧化物，还含有氮、磷、钾、锰、铜等植物所需的微量元素，促进植物更好地生长。混凝土多孔砖上也应尽可能多地覆土，提供植物所需的土壤。

（5）播种。播撒种子可以采取将种子掺入细沙中的方式，可使种子播撒均匀，同时沙子可起到保温保湿的作用。在播撒好的种子上撒薄薄的一层细土，不超过 0.5mm，播种后压实土壤，使土壤和种子尽可能紧密接触。

（6）养护。采取洒水养护方式，每天早晚各洒水 1 次，保持混凝土多孔砖湿润，养护 7d（赵佳等，2017）。

2. 多孔砖护坡排水沟的优点

（1）形式多样，可以根据不同的需求选择不同外形的多孔砖。

（2）多孔砖的孔隙既可以用来种草，水下部分还可以作为鱼虾的栖息地。

（3）具有较强的水循环能力和抗冲刷能力。

3. 多孔砖护坡排水沟的缺点

（1）沟渠坡度不能过大，否则多孔砖易滑落。

（2）沟渠必须坚固，土需压实、压紧，否则经河水不断冲刷易形成凹陷地带。

（3）成本较高，施工工作量较大。

（4）不适合砂质土层，不适合弯曲较多的沟渠。

10.2.3　格宾护坡排水沟修筑技术

格宾护坡排水沟的主要关键技术是贴坡式格宾网覆土护坡技术，该技术是将呈蜂窝状的格宾网片组装成箱笼，固定于已建混凝土护坡上，并覆盖适量厚度的土质，然后在该土层上种植适宜植物，用于河岸生态美化的一种新技术（贺霞霞，2021）。

1. 格宾网覆土护坡技术的主要优势

（1）格宾网覆土护坡技术具有很好的生态性，在格宾网上覆土种植适宜植物，经过大自然的循环加工，形成适宜植物生长的富含营养的土壤，实现区域植物自然循环的目的，保护生态环境。

（2）格宾网防护体有一定的抗拉性，在适度范围内可以承受地震、地基或土壤不均匀沉降产生的变形，由格宾网片组装成的箱笼在外力的拉扯下，能起到约束笼内的填充物质，不让其跑出箱笼，并且在外力的作用下，可重新调整箱笼的稳定性，形成一个新的平衡体系，因此格宾网片组装形成的生态骨架稳定性良好。

（3）格宾网片作为新的生态骨架，可塑性高，可以根据环境要求组装出更适合当地生态要求和审美的生态骨架。

（4）该技术适应大自然发展规律，维修养护费用和管理难度相对较低。

（5）该技术施工工艺简单，大大降低人工操作失误对整体的影响（朱以明等，2022）。

2. 格宾网箱施工一般规则

格宾网在施工过程中要遵循规则开展，加强控制监督，保障施工质量。在施工过程中，要遵循以下几点：

（1）格宾网箱的基底、密实度、轮廓线长度，以及宽度等参数必须要根据图纸施工作业，要符合设计要求。

（2）在现场施工过程中，如果地基较差，要进行地基处理，保障地基符合设计要求。

（3）格宾网箱砌体必须要符合规范要求，保障网箱组的砌体平面位置符合设计图纸的要求与规范；同时，砌体的外露面要保障平整、美观（邢大鹏，2019）。

3. 格宾网箱施工要点

1）组装格宾网箱

（1）在格宾网箱的组装过程中，要在平整、坚硬的场地上进行，在选择场地的时候要保障其便于格宾网的组装、存储，以及搬运，避免其影响砌体施工作业。

（2）将成捆包装的格宾网打开，取出一个产品单元，通过两人一组的方式进行处理。先是展开一个折叠的网面，通过一人一端辅助性地牵引，其中一个人用脚向前、向下用力踩踏的方式或钳子校正弯曲变形的部分，再逐次地根据折痕进行分步开展。

（3）间隔网以及网身之间要呈 90° 相交，通过绑扎形成长方形网箱，形成网线组或者网箱。

（4）绑扎线要与网线应用的钢材材质相同。

（5）通过双股线绞紧绑扎每一道工序。

（6）在网箱组及网箱的网片交接处绑扎道数要符合下列要求：处理过程中要保障其在间隔网及网身四处交角中均绑扎 1 道；在间隔网与网身交接处每隔 25cm 绑扎 1 道；间隔网与网身间的相邻框线必须采用组合线联结，即用绑扎线—孔绕—圈接—孔绕两圈呈螺旋状穿孔绞绕联结。

（7）组装格宾护坡应用过程中，要始终遵循形状规则及绞合牢固性原则，保障所有竖直面板上边缘位置在相同的水平面之上，确保盖板边缘可以与面板上端的水平边缘之间绞合（邢大鹏，2019）。

2）格宾护坡的摆放、连接

在进行格宾护坡摆放之前，先检验坡比，保障其符合设计规范与要求，再放线确定格宾护坡摆放的具体位置。组装格宾护坡，根据要求，紧密整齐地摆放在合适的位置上，在摆放过程中，要保障其面对面、背对背，进而便于石料填充以及盖板绞合，也可以有效地节约钢丝。同时，在格宾护坡摆放的过程中，在坡面防护时应用的隔板要保障其平行于水流方向，而用于护脚的隔板则要与水流方向保持垂直的状态。在转弯地段中应用格宾网要通过裁剪或者套接格宾护坡单元的方式进行处理。

3）填充石料施工

根据具体的状况，合理地确定卵石、片石以及块石，在进行石料填充过程中要保障其孔隙率不超过 30%。选择的石料要密实、坚硬，具有抗风化的特征，保障表层中没有风化、带土的石料。同时，其抗压强度要 ≥ 30MPa，石料的软化系数则要 ≥ 0.7，密度则要 ≥ 2.65t/m³。对于 40cm 厚格宾护坡，在填充石料的过程中，石料的粒径要控制在 100 ~ 300mm 范围内，中值粒径数值为 150mm。为了避免施工过程中石料因为重力影响或者人工踩踏而出现下滑导致隔板弯曲性问题，要从坡脚位置开始，向坡顶方向进行装填处理。在填充过程中要分层、分级处理，避免将单格网箱一次性填满。因为石头自身具有一定的沉降，在装填的时候，要保障其留有 2.5 ~ 4.0cm 的超高。在操作中，为了避免水流冲刷坡体护垫，要装填两层以上的石头，通过人工摆放的方式进行处理，减少孔隙率，提升整体的密实度。格宾网的表面部分直接影响护坡外观效果，在填充过程中要选择一些粒径较大且表面较为光滑的石料进行摆放，保障石料之间要相互搭接，摆放要平整、密实。

4）闭合盖板作业

（1）在进行盖板的闭合过程中，在绞合盖子之前必须要对格宾网的整体结构进行检查，对于存在的弯曲变形及表面不平整位置，要根据规范要求进行校正处理，检查石料装填的饱满性、密实性、检查上表面的平整性。

（2）对于在格宾网中出现的隔板弯曲问题，可通过将鼓出来的石头转移到另一个方格的方式进行处理，在移动之后将隔板扳直，及时纠正，也可以通过钢钎扳直。

（3）针对顶部位置被埋到石头下面以及绞合不到位的隔板，可以通过钢钎撬起。应用长度为1.4m的钢丝，通过单、双圈间隔的方式绞合盖板及其边缘和面板，以及隔板上边缘等位置。

（4）应用长度适宜的绞合钢丝将其与盖板、边板、端板、隔板的上边缘位置进行连接，根据规范要求，通过间隔10～25cm单圈—双圈—单圈的方式进行绞合处理，在相邻护垫的端板以及边板边缘位置上的钢丝则要与盖板边缘位置的钢丝紧密绞合在一起。在盖板绞合完成之后，要保障所有的绞合边缘形成一条直线，绞合点中的几根钢丝也呈现紧密靠拢的状态，对于存在问题的地方要通过钢钎校正；在相同层面上的表面保持在同一水平面上。

（5）在格宾网与回填土的接合面中铺垫土工布，端头上下压入参数要高于0.3m，保障土工布边缘可以被压住。保障格宾网的所有边缘位置绞合到位，形成一条直线，绞合点几根边缘钢丝也要呈现紧密靠拢的状态。

10.3　生态沟渠植物配置

10.3.1　植物配置

生态沟渠中植物的合理配置对于水体氮磷等污染物的拦截与净化具有重要作用。水生植物品种繁多，是沟渠塘系统重要组成部分，选择合适的植物对提高湿地拦截净化能力至关重要。单一植物的净化能力是有限的，不同植物对于不同污染物的去除效果各异，发挥各类植物的协调作用至关重要（杨军和杨媛，2020）。

一般将生态沟渠塘中的水生植物分成三层（邻水层、中间层、岸线层）分别进行设计。

1. 邻水层

最邻近水面的植被层主要作用为护岸、固土和净化水质，宜选择耐淹、高秆、根系发达、水质净化能力强的植物。

2. 中间层

中间的植被层主要作用为休憩，可以构造一定的造型，宜选择景观效果好，具有一定耐淹性、抗冲刷性的植物。

3. 岸线层

陆生与水生植物的过渡带主要作用为护坡与景观，宜选择景观效果好、矮秆、具有一定抗旱性的植物。设计时考虑各层内和层间的高度、花期、花色的搭配。为避免凌乱，各方案内植物种类不宜多于 5 种。

根据已有研究中对氮磷削减有效及具有一定景观价值的植物进行筛选，通过对植物合理地种植，构建小型生态系统，达到对面源污染的防治目的。表 10-1 至表 10-3 为华南地区三种不同类型生态沟渠的植物配置范例。

表 10-1　生态沟渠【土质排水沟】

植物	生态习性	种植区域密度 /（株 /m²）	部位
苦草	沉水	20	沟底
美人蕉	挺水	10	水线及以上
香根草	湿生	8	常水线以上
黄花水龙	漂浮	10	水线

表 10-2　生态沟渠【多孔砖护坡排水沟】

植物	生态习性	种植区域密度 /（株 /m²）	部位
苦草	沉水	20	沟底
竹叶眼子菜	沉水	8	沟底
萍蓬草	浮叶	3	常水线以下
香根草	湿生	8	常水线以上
紫芋	挺水	9	常水线以上
再力花	挺水	10	水线
三白草	挺水	6	水线及以上

表 10-3　生态沟渠【格宾护坡排水沟】

植物	生态习性	种植区域密度 /（株 /m²）	部位
竹叶眼子菜	沉水	20	沟底
萍蓬草	浮叶	3	常水线以下
三白草	挺水	10	常水线以上
香蒲	挺水	9	常水线以上

10.3.2 植物介绍

1. 苦草

苦草（*Vallisneria natans*）为水鳖科苦草属多年生无茎沉水草本。

1）生物学性状

具匍匐茎，径约 2mm，白色，光滑或稍粗糙，先端芽浅黄色。叶基生，线形或带形，长 20 ~ 200cm，宽 0.5 ~ 2.0cm，绿色或略带紫红色。常具棕色条纹和斑点，先端圆钝，边缘全缘或具不明显的细锯齿；无叶柄；叶脉 5 ~ 9 条，萼片 3 片，大小不等，成舟形浮于水上，中间一片较小，中肋部龙骨状，向上伸似帆。

2）作用

苦草可以有效去除污染水体中氮、磷、重金属，且对沉积物中有机污染物具有较好的修复性能（张国庆等，2020）。同时，苦草也可以作为水体受污染程度的指示物种，对水环境质量进行监测。苦草是典型的匍匐茎克隆植物，对环境有一定的耐受性，苦草的生物结构及构件大小会随着环境因子的变化而变化，从而更好地适应环境，维持其正常生长。因此，苦草常用于恢复重建富营养化水体中沉水植物（张国庆等，2020）。

3）种植方法

分株繁殖。一般在 5 ~ 8 月进行，切取地下茎上的分枝进行繁殖。此方法简便，可直接移栽定植。

4）后期管理

（1）种植管理：在苦草定植后，因苗较小，初期生长慢，须及时对定植区内的杂草和异物进行清除，保持水质清澈度，增强水中的光照。在生长发育期内还要施追肥 1 ~ 2 次，促进植株的生长，使株型美观。

（2）防虫病害：苦草的主要虫害为螺蛳，可用茶饼等药物防治。苦草的苗期虫害主要是水蚯蚓，特别是在淤泥肥厚的池塘，往往造成出苗率很低，把播种水位调至 40 ~ 60cm，可有效控制水蚯蚓数量、抑制其危害；苗期还应注意防止草食性的鱼类、家畜、家禽危害。

（3）伴生物种：铜锈环棱螺。铜锈环棱螺可有效去除水体悬浮颗粒和藻类细胞，提高水体透明度，改变可溶解性氮、磷形态和含量，促进苦草的生长。其他研究还指出，若单植苦草，植株会逐渐腐烂，直至最终消亡殆尽。

2. 美人蕉

美人蕉（*Canna indica*）是美人蕉科美人蕉属多年生草本植物。

1）生物学性状

高可达 1.5m，全株绿色无毛，被蜡质白粉，具块状根茎，地上枝丛生。单叶互生；具鞘状的叶柄；叶片卵状长圆形。总状花序，花单生或对生；萼片 3 片，绿白色，先端带红色；花冠大多红色，外轮退化雄蕊 2 ~ 3 枚，鲜红色；唇瓣披针形，弯曲；蒴果，长卵形，绿色。

2）作用

（1）景观价值：美人蕉花大色艳、色彩丰富，株形好，栽培容易。且现在培育出许多优良品种，观赏价值很高，可盆栽，也可地栽，装饰花坛。

（2）生态价值：能吸收二氧化硫、氯化氢、二氧化碳等有害物质，抗性较好，叶片虽易受害，但在受害后又重新长出新叶，很快恢复生长。由于它的叶片易受害，反应敏感，所以被人们称为监视有害气体污染环境的活的监测器。具有净化空气、保护环境作用。

3）种植方法

块茎种植。块茎繁殖在 3 ~ 4 月进行。将老根茎挖出，分割成块状，每块根茎上保留 2 ~ 3 个芽，并带有根须，栽入土壤中 10cm 深左右，株距保持 40 ~ 50cm，浇足水即可。新芽长到 5 ~ 6 片叶子时，要施一次腐熟肥，当年即可开花。

4）管理维护

除栽植前施足基肥外，生长旺季每月应追肥 3 ~ 4 次。当茎端花落后，应随时将其茎枝从基部剪去，以便萌发新芽，长出花枝陆续开花。

5）生长周期

花、果期为 3 ~ 12 月。

3. 黄花水龙

黄花水龙（*Ludwigia peploides*）是柳叶菜科丁香蓼属多年生浮叶植物。

1）生物学性状

浮水茎节上常生圆柱状海绵状储气根状浮器，具多数须状根；浮水茎长达 3m，直立茎高达 60cm，无毛。叶长圆形或倒卵状长圆形，长 3 ~ 9cm，宽 1.0 ~ 2.5cm，先端常锐尖或渐尖。花单生于上部叶腋；花瓣鲜金黄色，基部常有深色斑点，倒卵形；蒴果具 10 条纵棱，长 1.0 ~ 2.5cm；果梗长 2 ~ 6cm。种子每室单列纵向排列，嵌入木质硬内果皮内，椭圆状，长 1.0 ~ 1.2mm。

2）作用

（1）净化水体：室内试验结果显示夏季黄花水龙对总氮去除率约为 60%，分别是水葫芦、水花生和对照组的 2.6、2.9 和 3.8 倍；对总磷去除率约为 25%，分别是水葫芦、水花生和对照组的 0.7、1.9 和 5 倍；冬季黄花水龙对总氮和总磷去除率分别约为 23% 和 20%，是对照组的 3.3 和 2 倍，夏季和冬季黄花水龙对铵态氮和硝态氮亦有良好的净化效果。宜兴林庄港现场观测显示，7～10 月引种黄花水龙的河段水体中总氮和总磷的去除率为 10.2%～19.6% 和 23.4%～41.6%，而同期对照河段仅为 0.1%～1.6% 和 3.7%～5.6%。室内试验和现场试验结果均表明黄花水龙对受损水体中氮磷具有良好的净化效果，可作为富营养化水体修复的植物之一。

（2）观赏价值：生长快速，可作为农田沟渠、池塘绿美化植物。池水和绿叶衬托着黄花，花小却像繁星般点缀于藤叶之间，同农田中睡莲、荷花与香根草相映成画的景色相比使农田景致显得淡雅清新。

3）种植方法

黄花水龙以不定芽繁殖。

4）管理维护

因黄花水龙生长快速，所以要定期进行收割作为绿肥，同时避免黄花水龙密集生长，造成植株因缺氧腐烂。

5）生长周期

花期为 5～8 月，果期为 8～11 月。

4. 竹叶眼子菜

竹叶眼子菜（*Potamogeton wrightii*）是眼子菜科眼子菜属多年生浮叶或沉水草本植物。

1）生物学性状

根茎发达，节上生多数须根。茎圆柱形，长约 50cm，径约 1cm，节间长 1.5～8.0cm，不分枝或少分枝。叶全部沉水，长椭圆形或披针形，纵向卷缩或扭曲，无柄，长 6～9cm，宽 1.2～1.5cm，先端渐尖，基部钝圆或楔形，边缘浅波状；中脉明显，横脉清晰可见；托叶抱茎，托叶鞘开裂，厚膜质，长 1.5～3.0cm。穗状花序腋生，具花多轮，密集，每轮 3 花；花序梗与茎等粗，长 2～5cm；花小，无柄，被片 4 片，黄绿色；雄蕊 4 枚；雌蕊 4 枚，离生。果实为不对称卵形，两侧稍扁，中脊钝，侧脊不明显，喙向背后弯曲。

2）作用

（1）净化水体：可有效地抑制藻类暴发，控制富营养化，维持良好的水环境质量。

（2）经济价值：是草食性鱼类的饵料和猪、鸭的良好饲料。

3）栽植方法

该种植物以扦插法繁殖为主，多在每年 4 ~ 6 月进行。

4）管理维护

（1）水肥管理：竹叶眼子菜对水质要求不严，可在硬度较低的淡水中栽培，注意盐度不宜过高。水体的 pH 最好控制在 6.5 ~ 7.8，即呈微酸性至微碱性。其对肥料的需求量较少，生长旺盛阶段每隔 2 ~ 3 周追肥一次即可。当植株出现明显衰败迹象时，应该予以更新。

（2）病虫害防治：在实际栽培中，竹叶眼子菜不易患病，但会遭到长腿叶甲等有害动物的侵袭。在露天水养时，常会招致蚊虫滋生，可在水塘中投放一些小型鱼类，以清除蚊子的幼虫。

5）生长周期

花果期为 6 ~ 10 月。

5. 萍蓬草

萍蓬草（*Nuphar pumila*）为睡莲科萍蓬草属多年水生草本植物。

1）生物学性状

叶二型，以浮水叶为主，浮水叶纸质或近革质，圆形至卵形，基部开裂呈深心形。沉水叶薄而柔软，边缘呈波浪状。花单生，挺出水面。花朵的最外围是萼片 5 片，黄色，花瓣状。往内一轮是花瓣，花瓣不甚明显，线形，黄色，长相和雄蕊相近；花瓣的内侧即是雄蕊，多数。雌蕊中心的柱头呈放射形盘状，6 ~ 10 裂。

2）作用

（1）净化水体：萍蓬草的根具有净化水体的功能。萍蓬草的根茎和叶柄中有大量空腔，行使运输气体的功能，在种植萍蓬草的底泥中产生的甲烷，有 3/4 是通过萍蓬草枝条释放的。实验证明浮叶植物对水体中铵态氮、硝态氮、磷等污染物的去除能力较强。萍蓬草对水体中总磷的去除率为 25%，铵态氮的去除率为 21.18% ~ 27.25%，硝态氮的去除率达 32.65% ~ 45.92%，对水体中的铁、锰等重金属也有明显的去除作用。萍蓬草为广州乡土植物品种，耐污染能力强，尤其适宜于淤泥深厚肥沃的环境中生长，因此，在农田环境生态恢复工程中，可作为先锋植物品种进行配置和应用。

（2）景观价值：萍蓬草为观花、观叶植物，多用于池塘水景布置，与多种水生植物配植，形成绚丽多彩的景观。萍蓬草初夏时开放，朵朵金黄色的花朵挺出水面，灿烂如金色阳光铺洒于水面上，映衬着粼粼波光，绿油油的叶片三三两两相伴，浑然天成，十分精致典雅。

3）种植方法

萍蓬草主要采用分根茎的方法进行无性繁殖。中国江南地区一般在3月中下旬进行。这时的气温大多在15℃左右，萍蓬草块状茎的嫩芽开始萌动。挖取萍蓬草根茎，切取根状茎段，每段具有2～3个节间，在大田、池塘中进行分株栽培。一次栽种后，保持一定的水位，可让其自然繁衍生息，不需年年栽培。萍蓬草生长在肥沃的湖泊、沼泽水地，因而，性喜水湿，不耐干旱，但怕深水淹没。萍蓬草喜肥，所以，栽培新株时土壤要有足够的肥力。生长发育后，也要随时补充养分。接受阳光的直接照射，植株才能旺盛生长。

4）管理维护

萍蓬草种植时一般不需要特殊的管理，对于水质的要求也不严格，冬天也可以安全过冬，萍蓬草的地下茎可以直接在解冻的水下泥土中进行越冬，不需要特别的处理。

5）生长周期

花期为5～7月，果期为7～9月。

6. 紫芋

紫芋（*Colocasia tonoimo*）是天南星科芋属多年生草本植物。

1）生物学性状

高达1.2m。块状茎粗大，常为卵形或长椭圆形，褐色，有纤毛，常有横走茎发生。叶基生，2～5片成簇，叶片卵形，盾状着生，长1.0～1.2m，全缘或带波状，顶端短尖或渐尖，基部耳形，2裂，叶柄紫色，长80～100cm，基部呈鞘状叶脉紫色。花序柄通常单生，短于叶柄；佛焰苞长约30cm，管部红色，长约10cm，基部内卷，向上渐尖，淡黄色；肉穗花序椭圆形，下部为雌花，其上有一段不孕部分，上部为雄花，顶端具短的附属体。

2）作用

景观价值：紫芋的叶片巨大，主要生长于水景的浅水处或岸边潮湿地中。高大植株单丛（株）造景效果不错。成片种植于浅水区或岸边湿地，构成田园风光和野趣景观。

3）种植方法

很少开花，通常用子芋繁殖。

4）管理维护

露地栽培在清明节前后，气温上升，越冬的种芋顶芽开始萌芽，保持土壤湿润。播后10d即可出苗，随后浇1～2次稀肥。生长期及时除草，一般追肥2～3次。后期需培土，保持潮湿。

5）生长周期

花期为 4 ~ 7 月。

7. 再力花

再力花（*Thalia dealbata*）为竹芋科水竹芋属多年生挺水草本植物。

1）生物学性状

植株高 100 ~ 250cm（植株中等大小，植株叶面高度 60 ~ 150cm，但总花梗细长，常高出叶面 50 ~ 100cm）；叶基生，4 ~ 6 片；叶柄较长，约 40 ~ 80cm，下部鞘状，基部略膨大，叶柄顶端和基部为红褐色或淡黄褐色；叶片卵状披针形至长椭圆形，长 20 ~ 50cm，宽 10 ~ 20cm，硬纸质，浅灰绿色，边缘紫色，全缘；叶背表面被白粉，叶腹面具稀疏柔毛。叶基圆钝，叶尖锐尖；横出平行叶脉。

2）作用

（1）净化水体：再力花吸收固定氮磷的能力较强，同时具有净化和固定底泥中镉铅的能力。因此，可以在湿地景观设计中配置一定比例的再力花，成熟期后收割地上部分进行适当处理，能够起到净化水体、固定底泥中重金属的作用。

（2）观赏价值：再力花是中国引入的一种观赏价值极高的挺水花卉，它株形美观洒脱，植株一年有 2/3 以上的时间翠绿而充满生机，花期长，花和花茎形态优雅飘逸，是水景绿化中的上品花卉。

3）种植方法

分株，将生长过密的株丛挖出，掰开根部，选择健壮株丛分别栽植；或者以根茎分扎繁殖。即在初春从母株上割下带 1 ~ 2 个芽的根茎，栽入盆内，施足底肥（以花生麸、骨粉为好），放进水池养护，待长出新株，移植于池中生长。

4）管理维护

（1）光照水分：在分株移栽后的 1 周左右，特别是带叶栽植的再力花应作适当的遮光处理。春季分株后，由于气温较低，保持较浅水位或只保持泥土湿润即可，其目的主要是为了提高土壤温度，以利于萌芽。

（2）施肥管理：再力花生长季节吸收和消耗营养物质多，所以，除了栽植地施足基肥外，追肥是很重要的一项工作，日常肥可以三元复合肥为主，也可追施有机肥，施肥原则是"薄肥勤施"。灌水要掌握"浅 – 深 – 浅"的原则，即春季浅、夏季深、秋季浅，以利植物生长。

5）生长周期

再力花的花期为 4 ~ 10 月，在温度适当的情况下，再力花花期极长，早春种植的再力花，生长半个月左右就会开花，花期可以一直持续到入冬，开花时间可长达 8 个月。再力花不耐冷，因此若气温提早下降，再力花根以上部分会在较短时间内枯死，而根部就留在土壤中过冬。

8. 三白草

三白草（*Saururus chinensis*）为三白草科三白草属湿生草本植物。

1）生物学性状

高约 1m；茎粗壮，有纵长粗棱和沟槽，下部伏地，常带白色，上部直立，绿色。喜温湿润气候，耐阴，凡塘边、沟边、溪边等浅水处或低洼地均可栽培。发芽需低温，在 7.6 ~ 12.4℃有光照条件下，经过 34d，发芽率约 72%。种子千粒重 0.75g。

2）作用

净化水体：有学者在对石龙尾、三白草、翠芦莉 3 种水生植物对富营养化水体净化研究中得出，三白草对总磷的去除效果最好。

3）种植方法

种子繁殖。秋季果实开始开裂，开支未脱落但充分成熟时采下果实，搓出种子，除去杂质，开浅沟条播，覆土 1.0 ~ 1.5cm。分株繁殖，4 月挖取地下茎，切成小段，每段具有 2 ~ 3 个芽眼，按行株距各 30cm×30cm 栽下，每穴栽 1 株。

4）管理维护

田地间管理生长期间，注意浇水，保持土壤湿润，并注意清除杂草。

5）生长周期

花期为 4 ~ 6 月。

10.4 生态沟渠的管理与维护

在生态沟渠附近应减少人为活动，便于植物生长，保护生态沟渠植物多样性。生态沟渠的管理与维护分为以下五个方面。

10.4.1 生态沟渠环境维护

（1）沟渠及其两侧绿化，蜜源植物、花草配置合适。

（2）沟埂沟顶、护坡地和道路整洁。

（3）净水植物分类管理。

10.4.2 生态沟渠系统管理

1. 沟渠系统清淤

（1）沟体淤积严重，影响排水、排渍和输水需要时，应对沟体进行清淤。

（2）清淤时应根据沟体结构、类型、生态工程措施、附属设施等情况合理选择清淤方式。

（3）土质沟渠清淤时，应对坡体进行适当加固，防止水土流失。

（4）硬质沟渠清淤时，应保留部分水生植物和淤泥。

2. 沟渠系统保洁

（1）及时清理沟渠中、沟坎、沟埂、沟堤、沟边绿化带等处的漂浮物、垃圾、杂草等杂物。

（2）及时清理清除沟渠附属设施上的污迹、积尘、虫网，以及乱贴、乱挂物件等。

3. 附属设施管护

（1）生态透水坝、底泥捕获池、生态净化池、脱氮除磷装置、生态浮床等拦截净化设施，以及水量水质监测装置应定期维护，每年维护 2 次以上。

（2）对公示牌、科普宣传牌、安全警示牌等标识设施应进行定期维护，确保设施完好，标识及字迹清晰、完整。

（3）生态透水坝堵塞严重时，应及时进行冲洗、清除堵塞物或更换坝体填料。

（4）定期清理底泥捕获池、生态净化池、脱氮除磷装置等拦截净化设施中的积泥，并进行必要的清洗。

（5）拦截净化设施内填装的滤料应安全、无毒无害，每年施肥季应更换新料，废滤料应回收利用。

（6）金属材质的节制闸、分水闸等农田灌溉设施应每年油漆 1 次，宜在非汛期进行。

（7）洪涝灾害，紧急措施。

4. 生态环境维护

（1）合理配置植物。通过种植适宜的本土优势水生植物、注重合理配置蜜源植物种类和放养底栖软体水生动物等方式，加强沟渠系统生态修复，强化生态拦截能力，改善农田生态环境，营造良好田园景观。

（2）定期维护植物。对水生植物、蜜源植物、护坡植物、绿化植物进行定期维护，并根据病虫害情况开展有效防治。长势快的植物一年收割或清理不少于两次，长势慢的植物一年收割或清理不少于一次。确保净水植物不影响沟渠排水功能。

（3）做好节水灌溉。防止水土流失，减少养分流失。

（4）及时进行清淤。生态沟渠中底泥中富含大量去除氮磷的微生物、植物根系、种子，以及植物生长所需的微量元素，应保留部分淤泥。建议渠道每 3 ~ 5 年清淤一次。防止植物衰老枯萎使其营养物质向根部或种子迁移；同时，其余水生植物死亡后沉积水底会腐烂，向水体释放有机物质和氮磷元素，经过微生物分解而释放有机质和营养物质，易造成二次污染。清淤时应保留部分淤积物，并尽可能将清出的底栖软体动物投回底泥捕获池和生态池中。

（5）注意排水安全。及时清除外来入侵生物，沟体水生植物过度生长影响排水安全时，应进行适当清理。

10.4.3　生态沟渠系统检查

（1）沟体坍塌、冲刷、淤积、阻碍物、害堤动物巢穴、险工地段等影响沟渠排涝和堤防安全的情况。

（2）擅自搭建、乱堆乱放、乱排乱倒、乱垦乱种等影响沟渠污染拦截净化、排水、生态、景观的情况。

（3）侵占沟渠以及非法挖掘、毁坏沟体沟埂植被、破坏附属设施等违法违规破坏情况。

（4）附属设施是否完好或能否正常运行等情况。

（5）蜜源植物养护、外来入侵生物、沟体生态系统完整性和稳定性等情况。

10.4.4　生态沟渠水位控制

（1）基本管理应符合《灌溉与排水工程技术管理规程》（SL/T 246—1999）规定要求，根据农田需水等影响，在农田需水期渠水在沟渠的停留时间为 4 ~ 6 天，在进水污染负荷大或非需水期，应适当延长渠水在沟渠的停留时间。

（2）生态沟渠沟底淤泥淤积厚度超过 20cm 或杂草丛生，会严重影响水流的区段，应及时清淤或刈割部分植物，保证正常排水和沟渠的容量。

10.4.5　生态沟渠系统监测

（1）定期维护生态沟渠水质水量监测设备。

（2）定期开展水质监测，采集沟渠进水口、排水口水样进行水质监测，水样送有资质单位检测，每年检测一次以上。

第 11 章　生态净化塘技术

人类的活动日益频繁，人口与经济压力日渐增加，使得农业面源污染日趋严重，水体污染也日益增加。农田排水、雨水径流是将农业面源污染带入水体的主要途径，因此，研究制定有效的面源污水截流措施，削减农业面源污染物进入水体，成为控制农业面源污染、遏制水体富营养化的重要研究内容。生态净化塘是一种新型生态净水技术，通过塘内基质及植物、细菌、水生动物共生系统对水体进行净化处理，且具有灌溉、防洪等目的，可用于农田面源污染拦截净化。污水在进入生态净化塘后，停留时间较长，泥沙及大颗粒悬浮物自由沉降于塘底，氮磷等营养物在基质、水生植物、水生动物及微生物的吸附、吸收和硝化反硝化等物理、化学和生物作用下，污染物得到降解，浓度明显降低。将多级生态净化塘串联起来，可以提高氮磷去除效果。生态净化塘组合系统在污染水体的治理方面具有耐负荷能力较强、出水稳定、出水水质更好等优点。生态净化塘因结构简单、可充分利用实际地形、投资建设和运行维护费用较低并且兼具景观功能等优点，越来越多地被应用于农业面源污染控制，同时该技术可以通过养殖、种植，以及处理水农灌回用创造很好的经济效益与环境效益。塘中可种植水生植物，养鱼、养鸭、养鹅等，通过食物链形成复杂的生态系统，以提高净化效果。相较于城镇土地紧张、地价高昂的问题，在农村采用生态净化塘进行污水治理解决占地面积大、基建投资和运转费用高的问题，不仅可以实现农村污水的高效治理，而且能够改善农村生态环境，并带来一定经济价值。

11.1　生态净化塘水质净化原理

植物修复是一种利用重建水体中的植物群落来对富营养化水体进行治理的生物修复方法，主要是利用植物本身生长过程中吸收、富集营养元素，以及植物为微生物提供生存环境来实现对富营养化水体的净化目的。其机理主要是：植物吸收利用和富集作用，微生物降解作用及过滤沉淀颗粒作用。可采用人工浮床或者直接种植高等水生植物，吸收利用水体中的营养物质，当水生植物通过人工收割被运移出水生态系统时，被吸收的营养物质随之从水体中输出，从而达到净化水体的作用。此外，水生植物的根系能分泌促进嗜磷菌、嗜氮菌生长的物质，间接提高净化率，某些水生植物甚至能分泌一些克藻物质，对藻类起到抑制作用。植物修复技术在三峡库区、白洋淀湿地、近海等已实际应用，并取得较好的净化效果。利用水生植物修复技术，对水进行净化处理，是比较适宜的科学处理方法。

11.2　生态净化塘技术要点

生态净化塘为兼性塘，一般深 1.0 ~ 2.0m，分为好氧层、厌氧层和兼性层。为有效发挥兼性塘的功能，其前端设置沉淀段和格栅，以拦截粗大杂质及大颗粒悬浮物。水力停留时间不少于 15d。塘内水深不低于塘总深度的 3/4，以保障渠内生态系统完整和发挥功能，降水量或排水量大时，可将闸门水位调至闸底相平。底泥厚度设计为 50cm，底泥深度大于 50cm 需清理至 50cm，小于 50cm 时需清理全部。结合当地池塘不同特点及功能，主要采用植物护坡。塘内和坡面植物主要选取耐污型水生植物，配置浮水植物、挺水植物和沉水植物，构建多样性水生植物体系，提高对氮磷的吸收能力。种植沉水水草，充分利用水下植被净化水质能力，保证水质净化效果。挺水植物可采用美人蕉、黄菖蒲、再力花等，也可种植其他经济型水生植物，并定期收获，避免植物死亡造成二次污染。在一些污染较重的塘内可建设人工浮岛，造型可以多样，提高景观美感，总覆盖面积不超过塘总面积的 30%。

11.3　生态净化塘修筑技术

生态净化塘在实现其田间净化功能的前提下可采用不同的设计形式，以求其具有可推广性、观赏性。其中一种方式如图 11-1 所示，小型生态净化塘修筑技术包括依次连接的格栅井 1、调节沉淀池 2、厌氧塘 3、兼性塘 4、高效好氧塘 5和深度好氧塘 6。调节沉淀池 2 的上方设有药物投放机 7，其池底凸起呈弧形，池口连接三个呈阶梯设置、依次连接的溢流槽 8，溢流槽 8 的中部设有隔离网 9，隔离网 9 下方装填有若干悬浮球状填料 10，厌氧塘 3 的下方包裹有砖混结构层11。高效好氧塘 5 的水面上设置有若干增氧机 12，深度好氧塘 6 的水面处设有曝气管道 13，曝气管道 13 上均匀布设有朝下开孔的注气孔 14；兼性塘 4 包括由上至下的好氧层 15、兼性层 16 和厌氧层 17。在小型生态净化塘修筑过程中，悬浮球状填料 10 的粒径为 9 ~ 12mm，隔离网 9 的孔径为 6 ~ 8mm；高效好氧塘5 的深度大于深度好氧塘 6 的深度（齐茜等，2018）。

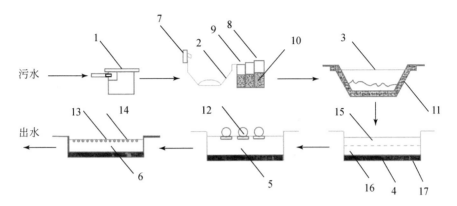

图 11-1 生态净化塘系统

生态净化塘工作过程是：污水由格栅井 1 进入调节沉淀池 2，调节沉淀池 2 通过药物投放机 7 实现药物定量定时自动投放，池底凸起呈弧形，利于淤泥的收集沉降，污水溢流依次经过三个溢流槽 8，通过隔离网 9 下方的悬浮球状填料 10 实现部分污染物的吸附，沉淀后出水经过厌氧塘 3 进行厌氧预处理，再进入兼性塘 4 去除部分 BOD，最后分别进入高效好氧塘 5 和深度好氧塘 6 实现二级处理和深度处理（齐茜等，2018）。

该系统能够充分利用地形，结构简单，建设费用低，处理能耗低，运行、操作和维护方便；杜绝土壤渗透等二次污染，能够有效去除污水中的有机物和病原体，洁净能力强，处理效率高；能够承受污水水量大范围的波动和水污染程度的较大差异，能够处理高浓度有机水，也可以处理低浓度污水，适应农村污水排放的复杂性质；在农村污水净化处理和资源化回收利用的基础上，美化农村生态环境，能够孵育出基于污水处理的绿色经济产业（齐茜等，2018）。

另一种逐级生物操控型生态净化塘系统，如图 11-2 所示，包括进水端 1、出水端 8、浮游动物滤食区 2、底栖动物刮食区 3、鱼类摄食区 4 及水生植物水质稳定区 5；污水从进水端 1 流入，依次流经浮游动物滤食区 2、底栖动物刮食区 3、鱼类摄食区 4 及水生植物水质稳定区 5，从出水端 8 流出。在浮游动物滤食区 2 内投有浮游动物休眠卵；底栖动物刮食区 3 内投放底栖动物，如田螺、河蚌、摇蚊幼虫；鱼类摄食区 4 内投放鱼类，主要为白鲢和花鲢；水生植物水质稳定区 5 内栽有水生植物幼株，主要为水草与水耕蔬菜。浮游动物滤食区 2 与底栖动物刮食区 3 之间用无纺布制作的透水网格 6 隔开；底栖动物刮食区 3 与鱼类摄食区 4 之间及鱼类摄食区 4 与水生植物水质稳定区 5 之间均用纱网 7 隔开。浮游动物滤食区 2 与水生植物水质稳定区 5 沿岸构建，底栖动物刮食区 3 与鱼类摄食区 4 水体具有一定深度。这样，浮游动物滤食区 2、水生植物水质稳定区 5 的深度与底栖动物刮食区 3、鱼类摄食区 4 的深度有深度差。浮游动物滤食区 2 与水生植物水质稳定区 5 水深为 1.5 ~ 2.0m，底栖动物刮食区 3 与鱼类摄食区 4 水深为 2.5 ~ 3.0m。污水的水力在各区停留时间至少为 3d。在塘内各区均匀投加主要成分为海泡石与活性硅藻土的生态制剂 9 以改善水体底部生境、微生态条件。进水端 1 和出水端 8 设有 UPVC 进出水管。还设有增氧机向塘内增氧，以防止天气等不可控因素发生造成的净化塘缺氧所导致的不良后果（金秋等，2019）。

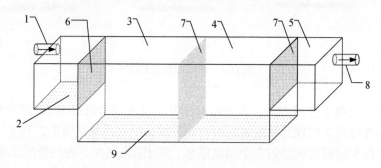

图 11-2　逐级生物操控型生态净化塘系统

　　利用逐级生物操控技术，在常规水塘等天然水体的基础上通过透水围格和纱网，将水塘分为 4 个生态功能净化区。污水通过进水端 1 的收集与调节流量后，进入系统的净化功能区，净化功能区中投加的主要成分为海泡石与活性硅藻土的生态制剂 9 能对系统内的水体生境条件进行有效改善；在浮游动物滤食区 2 中，浮游动物群落能滤食藻类、悬浮性颗粒物等微小有机体；在底栖动物刮食区 3 中，包括多种生产者、消费者和分解者，通过自然生态过程能对沉降性颗粒物、溶解性氮磷等污水成分进行有效刮食；在鱼类摄食区 4 中，通过鱼类的直接的摄食功能和间接的生物传递作用能对藻类、悬浮性颗粒物等污水成分进行有效去除，在水生植物水质稳定区 5 中，水生植物通过自然的吸附、吸收、固定、转化作用能将溶解性氮磷和溶解性有机物进行有效去除，浮游动物滤食区 2 中的生物个体较小，通过孔隙较小的透水围格 6 与底栖动物刮食区 3 分隔，而鱼类摄食区 4 与底栖动物刮食区 3 内的生物个体相对较大，通过纱网 7 分隔。污水通过逐级生物操控的净化功能区作用后通过出水端 8 流出系统。污水逐级流经以上净化功能区后，可实现对污水中悬浮性颗粒物、沉降性颗粒物、藻类和溶解性氮磷/有机物的高效去除（金秋等，2019）。

　　逐级生物操控型生态净化塘系统的工作原理在于生态净化塘内的不同物种因

食物的种类和大小、觅食地点和生物节律的不同而处于食物链中不同的营养级，并具有自己独特的生态位。浮游动物群落能滤食藻类、悬浮性颗粒物等微小有机体，底栖动物群落包括多种生产者、消费者和分解者，通过自然生态过程能对沉降性颗粒物、溶解性氮磷等污水成分进行有效刮食。鱼类作为食物链的第二级和第三级消费者，通过直接摄食和间接的生物传递作用有效去除藻类和悬浮性颗粒物等污染物。而水生植物则通过自然吸附、吸收、固定和转化作用有效去除溶解性氮磷和有机物等污染物。逐级生物操控型生态净化塘系统充分发挥各生物类群水质净化潜能，提升污水净化效果，同时运用生态工程原理，产生经济效益的同时实现系统的可持续社会服务功能（金秋等，2019）。

11.4　生态净化塘植物配置

11.4.1　水生植物的生态作用

在飞速发展的现代社会生活中，随着城市化的进一步扩张，水体生态环境遭到严重的破坏，并且已经威胁到人类的生存，如何净化修复被污染的水体显得尤为重要，而生活于水体中的水生植物可担任这一角色并且可以有效地完成使命。水生植物对于污水治理有着显著的作用，在污水处理厂、黑臭河道治理及农村污水治理领域案例众多，通过富集、吸收、过滤、沉降、吸附等特性可以进一步提升水质。

1. 保存生物多样性

水生植物群落为亲水的水鸟、昆虫和其他野生动物提供食物来源和栖居场所。水生动植物及非生物物质的相互作用和循环往复，使得水体成为具有生命活力的水生生态环境，从而保存水生环境的生物多样性。

2. 净化水质

水生植物进行光合作用时，能吸收环境中的二氧化碳、放出氧气，在固碳释氧的同时，水生植物还会吸收水体中许多有害物质，如氮、磷、重金属及有机污染物，从而消除污染，净化水质，改善水体质量，恢复水体生态功能。水生植物的净化水质机理主要分为以下几点：

（1）水生植物的富集和吸收。水生植物根系较为发达，生长过程中会吸收水中的物质，将其应用于富营养水中，能够起到一定的净化效果。

（2）净化塘的过滤、吸附和沉降。水生植物生长速度较快，具有根系较为发达的特点，生长过程中与水体接触面积不断扩大，并且在与水体接触过程中，会在水面形成过滤层，过滤层能够有效过滤水中的悬浮颗粒物质，起到改善水体环境质量的目的。

（3）竞争抑制浮游藻类。藻类疯涨会引起水华现象，水生植物生长过程中会与藻类竞争，并且还会分泌出抑制藻类生长的物质，起到破坏藻类生理代谢的作用，最终致使河道内部藻类大面积死亡，最大程度上减少藻类产生毒素对水体的污染，改善水体富营养的情况，真正实现共生菌与沉水植物共同生长。

3. 美化水景

水生植物以其洒脱的姿态、优美的线条和绚丽的色彩，形形色色地点缀着水面和岸边，并容易形成水中美丽的倒影，具有很强的造景功能。水生植物历来是构建水景的重要素材之一，像风吹苇海、月照荷塘这类风光，都会令人触景生情产生美的遐想；而曲水荷香、柳浪闻莺这类景点，皆因为用水生植物造景而远近闻名。

4. 固坡护岸

水生植物的生长蔓延繁殖，增加土壤中有机质的含量，提高土壤的持水性，改善土壤的结构与性能。另外，水生地被植物栽于水陆交界之处，其发达根系较强的扭结力，能减少地表径流，防止水的侵蚀和冲刷。

11.4.2　植物配置

植物是构建生态净化塘的核心要素，其不但可延缓水流速度，还可吸收或同化水体中的有机物及氮磷等营养物质，促进污水中营养物质的循环和再利用，从而提高整个湿地生态系统微生物数量，维系湿地系统的生态平衡，强化其净化能力。水生植物作为生态学的一个范畴，是由不同分类群植物通过长期适应水环境而形成的趋同性类型。常见的湿地植物是水生维管束植物，其根据生长形式可分为挺水型、漂浮型、浮叶型和沉水型。对于不同生活型的水生植物，普遍认为漂浮植物吸收能力强于挺水植物，沉水植物最差。利用水生植物对被污染水体中的污染物进行净化、吸收、分解，并通过不同的水生植物及组合来适应不同的受污染的水体，可使污染水体得到有效的净化并能保持水体纯净，而且净化效果稳定，所以在污水净化修复中，可以使用不同的水生植物的组合来达到目的。生态净化塘构建需要选择适应当地气候、根系发达、生物量大、生长快、输氧能力强、耐污能力强、抗病能力强、维护管理简单的植物，同时优选本地原生物种、具有一定经济价值、具有良好景观效应的植物。

　　常见的可净化水质的水生植物如表 11-1 所示。学者们对芦苇、香蒲、美人蕉、菖蒲等做了大量的研究,这些植物对水质净化均有一定作用,但是在同一系统中,不同植物展现出不同的净水能力。例如,通过构建芦苇和香蒲系统对富营养化水体进行为期两个月的生态修复试验,结果表明芦苇对氮、磷的去除作用高于香蒲。另外,芦苇、美人蕉、香蒲、菖蒲等植物对生活污水处理效果的对比分析发现种植芦苇和香蒲植物的系统对污水中 COD、总氮、总磷处理效果明显。以芦苇、蘸草、薄荷和水芹作为试验材料,人们发现芦苇对污染水体中的总氮和总磷的去除效果较好,水芹和薄荷对铵态氮的去除效果较好,而蘸草对 COD 有明显的去除作用。研究发现在水培条件下植物对氮、磷的累积与吸收显著不同,香蒲对溶液中铵态氮、硝态氮和总磷的去除效果较好,且在植物体内对氮、磷的累积量也较高,对污水中污染物的去除有明显的效果。有学者研究发现,香蒲、芦苇和水花生对于铵态氮、总氮类物质的去除效果优于慈姑与水葱,水花生和芦苇去除硝态氮类物质的效率优于慈姑、水葱和香蒲,水花生对总磷类物质的处理效率优于其他四种植物,芦苇和水葱对磷酸盐类物质的处理效率比慈姑、香蒲和水花生好。除以上植物外,有学者发现花蔺湿地系统对 COD、总磷和铵态氮具有较好的净水效果。花蔺是多年生水生草本植物,广泛分布于欧洲、北美洲、中国华北、西北、东北等地的沼泽、湖泊等浅水区域,适应范围广、繁殖速度快、夏季开花美观,是适合北方地区为数不多的挺水观花植物之一,可作为以净水为目的的优选植物。

表 11-1　水生植物分类

名称	常见植物	特点	应用
漂浮植物	水葫芦、水芹菜、李氏禾、浮萍、豆瓣菜等	①生命力强,对环境适应性好,根系发达 ②生物量大,生长迅速 ③具有季节性休眠现象,如冬季休眠或死亡的水葫芦,夏季休眠的水芹菜、豆瓣菜等。生长的旺盛季节主要集中在每年的 3 ~ 10 月或 9 月至次年 5 月 ④生育周期短,主要以营养生长为主,对氮的需求量最高 ⑤过量的氮、磷则会导致过度繁殖,同时消耗溶解氧水质下降	①由于环境适应能力强,在植物配置时优先考虑 ②生物量大、根系发达、年生育周期长和吸收能力好的植物成为选择的目标 ③利用植物季节休眠特性,正确的植物搭配可避免出现季节性功能失调现象 ④由于这类植物以营养生长为主,对氮的吸收利用率要高,因此在进行植物配置时,应重视其对氮的吸收利用效果,可作为氮去除的优势植物而加以利用,从而提高系统对氮的去除效果
浮叶植物	睡莲、荷花、马蹄莲、慈姑、荸荠、泽泻、菱角、薏米等	①耐淤能力较好,适宜生长在土层深厚肥沃的地方 ②适宜生长环境的水深一般为 40 ~ 100cm 左右 ③具有发达的地下块根或块茎,根茎对磷的吸收量较大	①基于这些植物的特性,其应用一般为表面流人工湿地系统和湿地的稳定系统 ②利用这些植物的生长主要是块根球茎和果实的生长需要大量的磷、钾元素的特征,将其作为去除磷的优势植物,以提高系统对磷的去除效果

续表

名称	常见植物	特点	应用
挺水植物	美人蕉、芦苇、菱草、香蒲、旱伞竹、水葱等	①适应能力强，根系发达，生物量大，营养生长与生殖并存 ②对氮磷钾的吸收比较多，能于无土环境生长	①此类植物可配置于表流湿地或潜流湿地中 ②其生物量大，景观效果好，可广泛种植
沉水植物	苦草、金鱼藻、狐尾藻、黑藻、小叶眼子菜等	①根系不发达，植物体的各部分可吸收养分，通气组织发达 ②增加水中的溶解氧，扩大水生植物的生存空间，其幼嫩部分又可供水生动物摄食	多用作人工湿地系统中，最后强化稳定植物加以应用，以提高出水水质，增加水中溶氧量

据此，在生态农业示范建设项目的一级和二级生态净化塘选种菱角、美人蕉、竹叶眼子菜、苦草、巴西野牡丹与三白草；三级至六级生态净化塘则选种红睡莲、竹叶眼子菜、香蒲、黄菖蒲、西野牡丹、苦草。生态净化塘种植面积占总面积的30% ~ 50%为最佳。

第 12 章 生态人工湿地技术

湿地一般来说是指介于陆地和水域之间的过渡带，并兼有这两种系统的某些特征。人们为了不同的目的给湿地做出了多种定义，其中经常被使用的是《湿地公约》中对湿地基本概念的定义：湿地是腐泥沼泽、泥炭沼泽、泥炭地或水体区域，不论是天然的还是人工的、永久的还是暂时的；水体不管是停滞的还是流动的，淡水、半咸水还是咸水，包括那些深度在低潮位不超过 6m 的海水区。天然湿地环境具有净化污水的功能，而在需要处理废水的地方往往找不到天然湿地。同时，天然湿地处理污水不易控制，若处理不当会对天然湿地资源和生态系统造成破坏。于是，从 20 世纪 70 年代开始，不断有科研工作者开始研究对天然湿地的改造或人工模拟建造湿地，对人工湿地也有多种定义。如有学者将人工湿地定义为：为了人类的利用和利益，通过模拟自然湿地，人为设计与建造的由饱和基质、挺水与沉水植物、动物和水体组成的复合体（王宇阳，2021）。另外一批学者认为，人工湿地是一种人为地将石、砂、土壤、煤渣等介质按一定比例构成的、底部封闭、并有选择性地植入水生植被的水处理生态系统（廖炳英，2012）。还有一批学者认为，人工湿地是指通过模拟天然湿地的结构与功能，选择一定的地理位置与地形，根据人们的需要人为设计与建造的湿地（唐显枝，2016）。目前国内外学者对人工湿地的定义已基本达成共识，即人工湿地是一种由人工建造和监督控制的与沼泽地类似的地面，它充分利用了基质 – 微生物 – 植物这个复合生态系统的物理、化学和生物的三重协调作用来实现对污水的高度净化（贺基瑞，2012）。

人工湿地是由水生植物、基质、微生物组成，利用其自然过程净化污水的工程系统。自 20 世纪 60 年代德国 Seidel 首次研究人工湿地处理废水技术以来，人工湿地污水生态处理系统逐渐受到重视并得到了各国的青睐（刘华清，2019）。与传统污水处理系统相比，人工湿地在建设成本和运行费用等方面有着巨大的经济优势，Austin 和 Nivala（2009）推算得出相同处理效果下，人工湿地系统能耗低于活性污泥法的1/4；此外，人工湿地还具有生态修复、景观美化、气候调节等重要生态服务价值。我国于1990 年在深圳白泥坑建造了第一座人工湿地，并且其数量在2000 年以后得到了迅速增长，目前人工湿地在处理生活废水、污染河水、农业废水、污水处理厂尾水和工业废水等领域应用广泛。随着我国生态文明建设的不断推进，低耗高效工艺已成为未来发展的趋势，人工湿地污水生态处理技术在村镇生活废水处理、流域水环境修复等领域具有广阔的应用前景。

12.1　人工湿地的组成与功能

人工湿地一般是由基质、水生植物、微生物等构成的有机整体，通过模拟自然湿地的物理、化学、生物反应协同作用来净化污水。物理作用包括截留、沉积，将污水中的悬浮物截留在基质中；化学作用包括氧化还原反应、离子交换等，且不同基质的差异较大；生物作用是通过厌氧、缺氧和好氧反应降解水体中的污染物（刘红玉等，1999）。

1. 基质

人工湿地的基质不仅为湿地植物提供支撑，还为水体中污染物的物理、化学及生物转化提供场所，还可通过截留等物理作用使污染物中的颗粒物直接沉积。基质可为生物膜的形成提供附着面，同时也为水生植物的生长提供载体支持及所需的营养条件。基质通过一系列物理、化学、生物等途径去除水体中有机质、氮、磷等营养物质，基质主要包括土壤、沙子、工业产品等。

2. 植物

植物是人工湿地重要的组成部分，人工湿地的水生植物一般分三种类型：挺水植物、漂浮植物和沉水植物。在人工湿地中合理地搭配不同种类的水生植物，不仅可净化污水，还可为微生物和植物的生长代谢提供营养物质。而且，水生植物的光合作用可为基质中微生物的代谢繁殖提供氧气，在维护和加强人工湿地运行方面也起到重要的作用。此外，水生植物还能起到保温、抑制藻类生长等作用。湿地植物通常选择具有美化景观作用的水生草本植物，一般有以下特点：耐污性能好，处理效果大，吸收能力强，成活率高；根系发达，茎叶茂密，输氧能力强，生长快、生长周期长；抗冻，抗热，抗病虫能力强；易于维护管理。常见的人工湿地植物有：芦苇、凤眼莲、香蒲、菖蒲、美人蕉等。研究发现表面流湿地在四季的运行过程中，一年之后仍将有31%左右的香蒲残余物留在湿地系统中。因此，及时收获人工湿地中的植物是保证去除率的关键。

3. 微生物

人工湿地中的微生物在净化污水的过程中发挥着重要作用，调控着人工湿地的许多功能。人工湿地中的微生物主要包括细菌、真菌、原生动物和藻类等。人工湿地中的优势种群主要有假单胞杆菌、产碱杆菌属和黄杆菌属。它们均为快速生长的微生物，也是分解有机物的主要微生物群体（陶正凯等，2021）。

在人工湿地中，有研究表明水生植物的根系分泌的一些物质能促进嗜氮菌、嗜磷菌的生长，因此根部的这些菌体的数量显著高于无根部位。而且由于根系泌氧功能，植物的根区会形成好氧、缺氧、厌氧三个区，污水中的有机物和氮化合物在靠近根部区域内通过好氧微生物和厌氧细菌的作用大部分都被去除。

4. 水体

水力条件在人工湿地的运行过程中也发挥着重要作用。湿地中水体在运行过程中受到风、蒸发、降雨等各方面条件的影响。这些影响因素的综合作用直接影响到污水净化的效果。例如，蒸发作用会浓缩污水，使得污染物的浓度增加，而且出水量会相应减少，水力停留时间增加；而当降雨时水力停留时间会相应缩短，因此人工湿地对污染物的降解的时间减少。选择理想的水力负荷是保证人工湿地获得较为理想的去除效果的重要因素。

1953 年德国的 Max Planck 研究所发现人工湿地的作用，随后在污水处理中得到广泛的应用，发展出各种类型的人工湿地。按照人工湿地系统水流形态可以分为三大类：表面流人工湿地、潜流人工湿地和垂直流人工湿地。

表面流人工湿地与自然湿地最为接近，主要种植挺水植物，通常是天然沼泽和废弃低洼地改造而成，水位较浅，一般为 0.3 ～ 0.5m，是最早期的人工湿地（赵虎生，2019）。这种人工湿地的污水以较慢的速度在人工湿地表面流过，部分物质被阻挡，大部分物质主要通过植物的根部生物膜进行净化，比较适合处理污染浓度不高的污水。其优点是操作简单、投入资金少、运行费用低、对各类污染物去除效果都比较好等，但是也有占地面积大且净化能力有限，冬季易结冰，夏季易滋生蚊虫、散发臭味，系统运行受自然气候的影响大等缺点。

潜流人工湿地的进水口和出水口位于同一方向，污水从进水口一端缓慢地流经植物，然后自出水口流出，这种人工湿地的水力负荷和污染负荷高，对有机物和重金属等有较好的去除效果。水面位于基质层以下，有效地改善表面流人工湿地的夏季环境差、冬季易结冰的缺点；但缺点是潜流人工湿地会不可避免地出现堵塞状况。

垂直流人工湿地的进水口在上，出水口在下，污水从进水口进入后，通过不同的基质流向底部，污水流过基质的过程就是污水净化的过程。湿地床体不饱和，氧气主要来源于大气复氧和植物泌氧，具有较高的输氧能力，因而具有较高的硝化能力，可用于高铵态氮含量的污水处理（段田莉，2016）。运行方式可以分为连续运行和间歇运行，最常见的是间歇运行方式。该运行方式中干湿交替可以大幅提高大气复氧速率，提高微生物分解对污染物的去除效果。垂直流人工湿地的优点是占地面积小，且对铵态氮、总氮和总磷的去除效果最好，但对悬浮物的去除没有潜流型人工湿地效果好（沈林亚等，2017）。

　　人工湿地的净化过程主要包括物理、化学与生物的三重协同作用。物理作用一般指基质的过滤、吸附和沉淀；化学作用是指因人工湿地中植物、填料、微生物及酶的多样性而发生的各种化学反应；生物作用则是依靠微生物的代谢、植物的代谢等作用达到对污染物质的去除。水质的净化和污染物质的降解，与系统中耗氧和供氧息息相关。污水中污染物质的去除主要包括两个方面：一方面是人工湿地植物生长迅速，生物量增加，通过植物的生长吸收污水中的氮、磷等污染物质，在植物的繁殖生长与收割中，氮、磷得到去除，但植物对污水的净化只占人工湿地对污水净化效果的一小部分。另一方面是植物根系布满整个基质，根系的维管束将植物从空气中吸收到的氧气输送到根系周围的环境，使植物根系周围呈现出好氧区、厌氧区和缺氧区。人工湿地对氮的去除主要是靠微生物的硝化与反硝化作用通过在氧化区的硝化过程将污水中的铵态氮氧化为硝酸盐氮，而在缺氧区将硝酸盐通过反硝化菌的作用，还原成亚硝酸盐，最终还原成氮气去除（成昊等，2017）。因土壤中氧气的分布状况，硝化作用又依赖于氧气，因此硝化作用的强度在表层土壤中较强，在深层土壤中较弱。反之，反硝化作用在表层土壤中较弱，在深层土壤中较强。此外，人工湿地的间歇式进水，对氮的去除效果较连续式运行优越。人工湿地中磷的去除主要是依靠湿地基质的吸附、植物的吸附和微生物的降解。基质的更换与植物的刈割将部分磷从基质中去除，微生物则在还原区以磷酸盐的形式释放到流动相中，而在好氧区除磷菌有过度吸收磷酸盐的能力，将磷吸收去除。

　　各项技术标准中，垂直流人工湿地和表面流人工湿地的设计指标有悬浮物（SS）浓度、COD 负荷、BOD_5 负荷、水力负荷、水力停留时间、床体深度、核心处理层厚度和核心层粒径范围（范莹和刘芉宏，2016）。COD 负荷、BOD_5 负荷指的是单位面积人工湿地可削减的有机污染物质量，常用于计算人工湿地床体面积（张翔等，2020）。水力负荷指单位时间单位面积内人工湿地接纳的污水量。水力停留时间指水在人工湿地处理区总容积内的平均停留时间。

12.2　表面流人工湿地技术

　　表面流人工湿地是各类型人工湿地中最接近自然湿地的一种类型，由于不需要砂和砾石作为基质，只要将现有的河道、低洼地稍加改造即可形成表面流人工湿地，改造后也不影响原有河网的防洪、泄洪功能，以及低洼地的土地功能。污水在表面流人工湿地基质表面漫流，水面暴露于空气中，氧通过水面扩散补给，通常表面流人工湿地是利用天然沼泽，废弃河道等洼地或渠道间设隔墙分隔，有时底部亦铺设防水材料（如 HDPE 膜等）以防止污水下渗，保护地下水（王健，2010）。池中一般填有土壤、砂、煤渣或者其他基质材料，供水生植物固定根系（史艳杰，2018）。表面流人工湿地水位较浅，水流缓慢，通常以水平流的流态流经各个处理单元。绝大部分有机物的去除是由生长在植物水下茎、秆上的生物膜来完成，因而不能充分利用填料及丰富的植物根系。

表面流人工湿地的水面位于人工湿地基质以上，其水深一般多为0.20 ~ 0.40m。在这种类型的人工湿地中，污水从进口以一定深度缓慢流过人工湿地表面，部分污水蒸发或渗入人工湿地，出水经溢流堰流出。

12.2.1　表面流人工湿地技术原理

表面流人工湿地污水处理任务的主要承担者是微生物、湿地植物和基质，其中，基质层生长的微生物是处理氮磷污染物的主力军，湿地植物的作用则是将氧气带入根系周围的土壤中，远离植物根系部位则处于厌氧环境，这种环境的变化加强了人工湿地处理复杂污染物的能力。另外，硫、重金属等污染物的浓度则可在植物和土壤的作用下出现不同程度的降低。

表面流人工湿地一般由进水区、处理区、出水区，以及溢洪道组成。进水区包括沉淀池及其附属设施，用于去除雨水入流中的泥沙颗粒（通常为直径大于125μm），减轻固体颗粒对湿地处理区内植物处理效果的抑制；处理区内生长的植物可以去除细颗粒和溶解性污染物。溢洪道的作用是保护处理区域，当发生超标准降雨事件时及时分流过量雨水径流，使湿地处理区内植物免受冲刷破坏。表面流人工湿地示意图及构造如图 12-1 和图 12-2 所示。

1. 污水中氮的去除

微生物的硝化反应、反硝化反应是人工湿地最主要的除氮机制。由于湿地植物的根茎能够将氧气输送至土壤，因此根系周围区域会存在好氧、厌氧、缺氧等多种形态，从而为硝酸菌、亚硝酸菌、反硝化细菌的大量繁殖提供良好的外部环境，让硝化反应、反硝化反应的同时进行成为可能。虽然氰化物、重金属会对硝化反应形成一定的抑制，但表面流人工湿地对其具有很好的去除作用，因此相对于其他人工湿地而言，表面流人工湿地的氮去除功能更强。

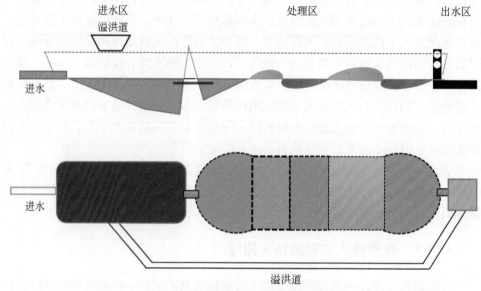

图 12-1 表面流人工湿地示意图

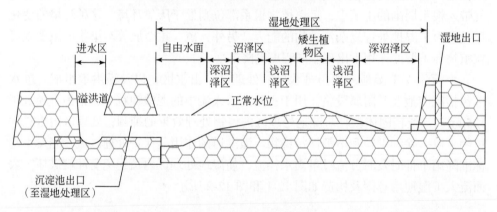

图 12-2 表面流人工湿地构造图

2. 污水中磷的去除

污水中虽然存在有机磷和无机磷，但是在微生物的氧化作用下，多以无机磷的形式存在。通过植物的吸收和同化，污水中的无机磷会转化为植物的脱氧核糖核酸（DNA）、核糖核酸（RNA）和腺嘌呤核苷三磷酸（ATP），最终通过植物收割去除。由于含铁质填料和石灰石填料中的铁、钙对磷酸根离子具有很好的去除作用，因此在处理含磷较多的污水时，可优先选择这两种填料。

3. 污水中悬浮物的去除

一般来说，通过过滤和沉淀，可沉降污染物就会得到有效去除，而悬浮物则需要通过湿地介质吸附或微生物等方式去除。以往的实践结果表明，人工湿地能够有效去除污水中的悬浮物，出水口的悬浮固体一般 <10mg/L。不过，为了避免悬浮物堵塞进水口，应对进入人工湿地的污水进行预处理，使污水中的固体浓度下降到合理水平。

4. 污水中有机物的去除

污水中的有机物包括颗粒性有机物、溶解性有机物两种类型。其中，颗粒性有机物可以通过湿地的过滤、沉积作用被有效截留，并最终得到分解或进一步的利用；溶解性有机物则可通过水体中各类厌氧、好氧生物的代谢功能降解，也可被植物根系的生物膜吸附。在处理污水中有机物的过程中，好氧降解是最为重要的部分，将碳源选为有机碳。

12.2.2　表面流人工湿地的设计

1. 设计流程

表面流人工湿地主要设计内容及步骤如图 12-3 所示。

设计流量计算　→　进水系统设计　→　湿地处理区设计　→　溢洪道设计　→　设计校核

图 12-3　表面流人工湿地主要设计内容及步骤

2. 设计流量

根据集水区暴雨强度，在给定重现期及降雨历时情况下计算设计流量。集水区综合雨量径流系数的计算按各地块渗透性质进行面积加权，具体参照表 12-1。

表 12-1　径流系数

汇水面种类	雨量径流系数 φ	流量径流系数 ψ
绿化屋面（绿色屋顶，基质层厚度 ≥ 300mm）	0.30 ~ 0.40	0.40
硬屋面、未铺石子的平屋面、沥青屋面	0.80 ~ 0.90	0.85 ~ 0.95
铺石子的平屋面	0.60 ~ 0.70	0.80
混凝土或沥青路面及广场	0.80 ~ 0.90	0.85 ~ 0.95
大块石等铺砌路面及广场	0.50 ~ 0.60	0.55 ~ 0.65

汇水面种类	雨量径流系数 φ	流量径流系数 ψ
沥青表面处理的碎石路面及广场	0.45 ~ 0.55	0.55 ~ 0.65
级配碎石路面及广场	0.40	0.40 ~ 0.50
干砌砖石或碎石路面及广场	0.40	0.35 ~ 0.40
非铺砌的土路面	0.30	0.25 ~ 0.35
绿地	0.15	0.10 ~ 0.20
水面	1.00	1.00
地下建筑覆土绿地（覆土厚度 ≥ 500mm）	0.15	0.25
地下建筑覆土绿地（覆土厚度 <500mm）	0.30 ~ 0.40	0.40
透水铺装地面	0.08 ~ 0.45	0.08 ~ 0.45
下沉广场（50 年及以上一遇）	—	0.85 ~ 1.00

设计流量按式（12-1）计算，将各自重现期下暴雨强度分别带入即可。

$$Q=\alpha \cdot i \cdot A/0.06 \qquad (12\text{-}1)$$

式中，Q 为设计流量（m³/s）；α 为综合径流系数；i 为暴雨强度（mm/min）；A 为集水区总面积（m²）。

设计流量包括一般降雨事件径流量 Q_1 和极端降雨事件径流量 Q_2。一般降雨事件径流量用于进水区设计，降雨重现期 P 一般取 5 ~ 10 年，降雨历时根据实际情况确定；极端降雨事件径流量指超过湿地系统处理能力的流量，用于溢洪道的设计，降雨重现期 P 一般取 100 年，降雨历时根据实际情况确定。

3. 进水区设计

在对表面流人工湿地进水系统进行设计规划时，应最大程度确保配水均匀，三角堰、多孔管是目前应用较为广泛的两种形式。其中，多孔管应高出基质层 0.50m 左右，并在设计图纸上注明对杂草以及沉淀物的清理周期，以免配水均匀性受到杂草或淤积的不良影响。

进水区设计包括沉淀池尺寸确定及校核、沉淀池入口设计、沉淀池出口设计、植物选配。其中，沉淀池出口设计包括沉淀池至湿地处理区出口设计和沉淀池至溢洪道出口设计（图 12-4）。

4. 沉淀池尺寸确定

沉淀池面积根据式（12-2）确定。

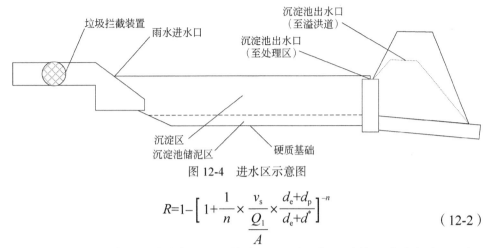

图 12-4 进水区示意图

$$R=1-\left[1+\frac{1}{n}\times\frac{v_s}{\dfrac{Q_1}{A}}\times\frac{d_e+d_p}{d_e+d^*}\right]^{-n} \qquad (12\text{-}2)$$

式中，R 为目标沉淀物去除效率（以小数计）；v_s 为目标沉淀物沉降速度（mm/s）；Q_1 为一般降雨事件径流量（m³/s）；A 为沉淀池表面面积（m²）；n 为湍流系数；d_e 为最大滞留深度（m）；d_p 为沉淀区深度（m），一般取 2m；d^*-d_p 和 1m 中取最小值（m）。

在实际设计过程中，根据场地实际情况，对计算结果进行适当优化调整。湍流系数与沉淀池水力效率 λ 有关，$n=1/(1-\lambda)$。水力效率与沉淀池的长宽比、出入口位置等有关，增大水力效率的途径包括提高长宽比、多点进水等。沉淀池水力效率应不小于 0.5，为此沉淀池长宽比应不小于 3 ：1。图 12-5 是常见沉淀

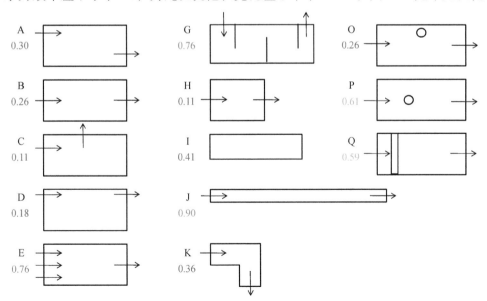

图 12-5 常见沉淀池结构水力效率 λ 取值

池结构水力效率 λ 取值。

理想状况下不同粒径沉淀物沉降速度见表 12-2，目标沉淀物粒径一般取 125μm。

表 12-2　不同粒径沉淀物沉降速度

沉淀物粒径 /μm	沉降速度 /（mm/s）
2000	200
1000	100
500	53
250	26
125	11
62	2.30
31	0.66
16	0.18
8	0.04
4	0.01

5. 水深与长宽比

湿地水深是表面流人工湿地污水处理系统设计的重要参数，可以通过调节水深来控制湿地的处理性能。为了在最小单位面积湿地内达到最有效的污水处理效果，在要求的水力停留时间条件下，湿地处理系统深度在理论上应该是越深越好。虽然从理论的角度看，在水力停留时间条件下湿地系统越深越好，但是随着水深的增加，不仅水面复氧无法满足实际需求，而且植物死亡率、水流死区的出现率也会大幅提升。因此，表面流人工湿地系统的水深一般选在 10～60cm。长宽比同样是湿地系统设计的重要参数，虽然长宽比并不会对水流和均匀分布湿地的污水处理效果产生太大影响，但为了避免出现较大的水力坡度、水流死角等问题，一般应将长宽比控制在小于 3：1 的范围内。

由于沉淀池具有一定高度的水深，设计需要充分考虑公共安全以及与周围的景观融合，需要对沉淀池的边坡进行设计。缓坡设计边坡坡度小，一般取 1：8～1：10，长度一般取 2.4～3.0m。坡上可以放置圆石及原木、种植挺水植物以营造自然景观。缓坡设计安全性高、观赏性好，但占地面积稍大；陡坡设计中沉淀池池壁垂直，通过栏杆与外界隔开。陡坡占地面积小，景观效果稍差。

沉淀池池底一般选择硬质石块，一方面可以抑制沉淀池内植物的生长，另一方面还可以起到沉淀池清理时的指示作用。

6. 沉淀池入口设计

雨水径流经雨水管道或者地表排水系统直接进入沉淀池，为避免可能存在的雨水径流对沉淀池入口处的局部冲刷情况，须在入口处设置消能装置（如在入口处放置砾石）。由于雨水径流中往往含有部分垃圾（塑料制品、枯枝落叶等），入口处须设置垃圾拦截装置（格栅）并定期清理。

7. 水力停留时间计算

水力停留时间可定义为湿地容积与平均流量之比，即 $t=V/Q$。其中，t 代表水力停留时间，单位为 d；V 代表湿地容积，单位为 m^3；Q 代表设计流量，单位为 m^3/d。在设计工作中，水力停留时间是利用操作水位、系统几何形状、平均流量进行估算的。结合以往的理论研究和实践经验，表面流人工湿地的水力停留时间应在 4 ~ 8d 的范围内进行针对性选择。

8. 湿地面积计算

湿地面积的计算方式主要是利用水力负荷和利用污染负荷两种。利用水力负荷计算，即 $A=Q/q$，其中，Q 代表设计流量，单位为 m^3/d；q 代表水力负荷，单位为 $m^3/(m^2 \cdot d)$，取值范围为 0.015 ~ 0.050。在选择水力负荷时，设计人员需要兼顾植被类型、渗透系数、土壤状况、气候条件等多方面问题，尤其要注意蒸腾、蒸发的影响。利用污染负荷计算，由于不同污染物对于湿地面积的要求不同，因此在计算时应选择最大面积，该计算方式基于 K-C 模型，即

$$\ln\left(\frac{C_o - C^*}{C_i - C^*}\right) = -\frac{K}{q} = -\frac{KA}{Q} \tag{12-3}$$

式中，C_o 和 C_i 分别代表出水、进水浓度（mg/L）；C^* 代表背景值（mg/L）；K 为一级反应速率常数（m/d）；A 代表湿地面积（m^2）。特定污染物达标所需湿地面积的计算公式为

$$A = \frac{Q}{K} \times \ln\left(\frac{C_i - C^*}{C_o - C^*}\right) \tag{12-4}$$

12.3　潜流人工湿地技术

潜流人工湿地依靠基质、微生物，以及植物的共同作用实现对污水中各类污染物的去除。其中，基质是潜流人工湿地的重要组成部分，在水质净化中发挥着至关重要的作用。基质可对污染物进行直接吸附去除。不同基质类型对铵

态氮与总磷具有不同的吸附能力,同时,吸附效率受到水质、水力条件等参数影响（赵倩等,2021）。此外,基质为微生物提供附着表面,基质材质、内部孔道结构、比表面积等均影响生物膜的形成与发展,进而间接影响人工湿地的污水净化功能。改变基质所处淹没/暴露状态、增加缓释碳源基质、增加铁碳电解对基质等方式可分别从增加补氧、强化反硝化和电化学强化的角度改善人工湿地对铵态氮、总氮与总磷类污染物的去除效果,潜流人工湿地分为水平潜流人工湿地与垂直潜流人工湿地。

水平潜流人工湿地中,污水从一端水平流过填料床。床体设有防渗层,防止污染地下水。与自由表面流人工湿地相比,水平潜流人工湿地的水力负荷大,对BOD、COD、SS、重金属等污染物的去除效果好,而且很少有恶臭和滋生蚊蝇现象。但其脱氮除磷效果不如垂直潜流人工湿地。

垂直潜流人工湿地中,污水从湿地表面纵向流过填料床的底部,床体处于不饱和状态,氧可通过大气扩散和植物传输进入人工湿地系统。垂直潜流人工湿地的硝化能力高于水平潜流人工湿地,可用于处理铵态氮较高的污水。但构造比较复杂,且对SS去除率不高,所以常在垂直潜流人工湿地后连接水平潜流人工湿地。

12.3.1　潜流人工湿地净化原理

潜流人工湿地对污水污染物的去除依靠基质、微生物,以及植物的共同作用。微生物在污水净化中起到至关重要的作用,其对氮素、碳素的去除贡献一般在50%以上;基质在污水中磷、重金属等的物化去除中占据重要位置;植物根系从污水中吸收氮、磷,用于污染物的去除与生物质资源转化。

除微生物、基质与植物对污染物的直接作用外,三者在污水净化中存在复杂的相互作用。基质粒径越小,单位体积基质可提供给微生物的表面越大。然而,基质选择不能单从比表面积这一点考虑,粒径过小会加剧基质间的污堵,影响人工湿地运行年限。此外,系统内污水的流态受到进水流速、基质粒径级配及基质表面性质的共同调控,而流态的差异则影响空气中的氧气与污染物向生物膜内的传质效率,同时也影响着生物膜生长的厚度与致密性。不同基质材质与粒径形成的基质空隙间微环境理化性质差异对细菌等微生物形成的生物膜群落结构影响重大,进而对生物膜的污水净化功能产生影响。近年来,新兴功能材料被越来越多地用作湿地基质,如生物炭材料、铁矿渣等。功能材料除附着载体功能外,还可为部分微生物对污染物的代谢提供缓释有机碳、电子供体等,强化对氮素污染物的去除（赵倩等,2021）。

12.3.2　潜流人工湿地基质配置

基质为湿地植物提供了立地基础，植物根系交错存在于基质空隙当中，基质粒径过小阻碍植物根系向周围环境的延伸，进而影响根系对污染物的吸附和吸收效率。根据基质的机械强度、比表面积、稳定性、孔隙率等因素确定。同时，合理选择粒径范围，且孔隙率控制在 35% ~ 40%。在实际选用时，可选择具有针对性的功能性基质以高效处理氮磷效率，如砾石、沸石、石灰石、陶瓷等。

12.3.3　潜流人工湿地物理尺寸

潜流人工湿地中水平潜流人工湿地单元面积宜小于 $800m^2$，垂直潜流人工湿地单元面积宜小于 $1500m^2$。其中，潜流人工湿地长宽比应控制在 3∶1 以下，长度常为 20 ~ 50m，水深宜为 0.40 ~ 1.60m，水力坡度宜为 0.5% ~ 1%。

12.4　人工湿地植物配置

（1）沼泽植物区。沼泽植物区的位置在整个湿地水系统的上游，以一些挺水植物为主，其优势种为芦苇、香蒲等较为高大、抗逆性好的挺水植物，搭配一些湿生植物如报春花、燕子花和一些观花观叶的水生植物如荷花、泽泻、花叶水葱、千屈菜等。整体观赏性较好，富有野趣。芦苇等植物的种植一方面可以吸收水中的氮磷，另一方面可以抑制藻类植物的过量繁殖，有效预防水体的污染和富营养化（臧凤岐等，2017）。

（2）浅水植物区。浅水区植物位于水流速度较为缓慢的北侧，是相对安静的水流，符合浅水植物对于静水的要求。这个地段的植物配置主要以浮水植物和漂浮植物为主，优势种为槐叶萍、紫萍、白萍等漂浮植物，形成具有特色的水面；同时搭配荇菜、萍蓬草、睡莲等浮水植物，增加观赏效果。这些植物可以富集水中的重金属离子，达到净化水源的目的。另外，这个区域的植物植株普遍低矮，互相之间不会影响对光线的利用，这样的配置可以增加光合效率（臧凤岐等，2017）。

（3）深水植物区。深水区的植物配置不以观赏为主要目的，作为生态鱼塘的一部分，旨在为塘内鱼虾提供合适的饲料，因此，主要的植物种类以菹草群落、苦草群落等沉水植物群落为主，种植一些伴生植物——水毛茛、金鱼藻、水藓等。这些植物可以提供水生动物所需要的氧气和食物，从而使得生态系统得到平衡（臧凤岐等，2017）。

种植面积：挺水植物种植密度多为 9 ~ 20 株 /m²，浮水植物和沉水植物种植密度多为 3 ~ 9 株 /m²。

12.4.1　表面流人工湿地植物配置

表面流人工湿地接近水面的部分为好氧层，较深部分及底部通常为厌氧层，因此具有某些与兼性塘相似的性质。但是，由于湿地植物（尤其是挺水植物）对阳光的遮挡，一般不会存在像兼性塘中藻类大量繁殖的情况。可以种植芦苇、水葱、香蒲、灯心草等挺水植物，凤眼莲、浮萍、睡莲等浮水植物，以及伊乐藻、金鱼藻、黑藻等沉水植物，还可以种植慈姑、雨久花、千屈菜、泽泻等水生花卉类的观赏植物，既可以处理污水，也可以美化环境。就目前国内的实际情况来看，芦苇因其输氧性能佳、根系发达（可深入地下 60 ~ 70cm）等特点得到广泛的应用。不过在实际选择时，也应该坚持因地制宜，尽量选择当地植物，确保湿地植物对周围气候和环境的适应性（张轩溢，2020）。

12.4.2　潜流人工湿地植物配置

湿地植物的类型一般选择挺水水生植物、湿生草本植物、陆生草本植物，具体的湿地植物列举如下：再力花、风车草、美人蕉、花菱草、马蹄莲、水葱、芦苇、芭蕉、野芋、水仙、龟背竹、三白草、龙舌兰、绣球、木芙蓉、橘花、法国冬青等。

12.4.3　湿地植物维护

湿地植物要健康地生长，湿地生态系统要稳定地运行，需要定期的管理和养护湿地植物。

（1）清除杂草：由于污水从地表以下潜流，导致潜流人工湿地的表面比较干燥，易滋生杂草。杂草有可能与湿地植物形成竞争关系，影响湿地植物的生长势，从而使湿地生态系统的稳定被破坏，降低净化效率。可以通过春季淹水或人工去除杂草的方式控制杂草的生长蔓延。

（2）病虫害防治：对于湿地生态系统，其作用是净化水源和调节整体环境，因此在湿地的病虫害防治中是不能引入新的污染源，即不能使用农药等药物进行杀虫。但可以使用光源诱杀和性外激素诱杀等方法，避免药物杀虫的污染。

（3）冬季收割：湿地植物大多是草本植物，越冬时地上部分枯死。要及时收割枯死的湿地植物，否则腐烂后的植物携带的氮磷等会重回水中，形成二次污染，大量腐烂的植物残体同时也会滋生大量的细菌真菌，破坏生态系统的平衡。

第 13 章 生态廊道技术

13.1 生态廊道的分类

"景观生态学"提出,景观任何一点都属于斑块、廊道或基质,它们组成景观的基本格局。而廊道是一种差别于两侧基质的狭长地带,通常分为线性廊道、山林廊道和河流廊道。廊道两端会与斑块相连,如河流、道路相连的居住区,绿篱两端的自然植被斑块。

廊道的分类现在还未形成统一标准,目前学者多是从结构、功能、形式、形成原因等方面对廊道进行分类(表 13-1)(陈可可,2021)。景观生态学中按起源分为干扰廊道、残存廊道、环境资源廊道、种植廊道、再生廊道。按照结构分为线形廊道、带形廊道、河流廊道,其中线形廊道是边缘物种占优势的细长地带,如道路、绿篱等;带形廊道是指内部环境具有富裕的内中物种且较宽的条状景观,如山林、带状公园等;河流廊道顾名思义就是以江河分布而区别于周围基质的植被带(包含河道本身),河道两侧的河漫滩、堤岸等。从面积上分为市区级、市域级、省级、区域级廊道;从功能角度分为生态走廊、自然型廊道、娱乐性廊道、历史遗产和文化价值型绿道;从形式和功能方面分为滨河绿道、道路绿道、田园绿道;从形成原因将廊道分成人工型廊道、自然型廊道;从结构和功能层面分成道路型、绿色河流型、绿带型。与生态农业相关的主要包括河流生态廊道、道路生态廊道、山林生态廊道和湿地生态廊道四种。

表 13-1 生态廊道分类

代表学者	分类依据	廊道分类
	起源	干扰廊道、残存廊道、环境资源廊道、种植廊道、再生廊道
	结构	线状廊道、带状廊道、河流状廊道
埃亨	面积	市区级廊道(1～100km^2)、市域级廊道(100～10000km^2)、省级廊道(10000～100000km^2)、区域级廊道(>100000km^2)
	功能	生物多样性绿道、水资源保护绿道、休闲娱乐绿道、历史文化资源保护型绿道
法布士	功能	生态走廊、自然型廊道、娱乐性廊道、历史遗产和文化价值型绿道

续表

代表学者	分类依据	廊道分类
俞孔坚	形式与功能	滨河绿道、道路绿道、田园绿道
法博斯	功能	生态型绿色廊道、游憩型绿色廊道、文化与历史型绿色廊道
莱托	用途和尺度	城市河岸绿植、娱乐绿道、自然绿道、历史风景绿道、综合网络状绿道
宗跃光	形成原因	人工廊道、自然廊道
查尔斯·利特尔	形成条件和功能	城市河流型、游憩型、自然生态型、风景名胜型、综合型
福尔曼、戈德龙	形成原因	干扰型、残留型、环境资源型、再生型、人为引入型
车生泉	结构和功能	绿带廊道、绿色道路廊道、绿色河流廊道、生态环保廊道、游憩观光廊道
翟辉	组成内容	绿道（种植廊道）、蓝道（河流廊道）、灰道（人工的街道、公路、铁路等）
林静娟	形成原因	人居环境生态廊道、自然生态廊道
徐文慧	建设原理	自然山脊型、交通道路型、河流保护型
李静	形式	绿色带状廊道、绿色道路廊道、绿色河流廊道
邬建国	组成内容	森林廊道、河流廊道、道路廊道
腾明军	功能	生物通道、环保廊道、景观游憩廊道、历史文化廊道
周凤霞	绿地系统	河流廊道、道路廊道
蔡婵静	结构和功能	道路廊道、绿色河流廊道、绿带（有足够宽度）

13.1.1　河流生态廊道

河流生态廊道是由河流本身及河道两侧的河漫滩、堤岸和局部高地构成。河流生态廊道的生态作用主要包括控制河流的流速和养分流动，以及促进河流两岸林地内部动植物的迁移。

13.1.2　道路生态廊道

道路生态廊道是以高速公路、铁路、省市级主次干道等道路为基本网络的线性景观，具体是指道路两侧的绿化带及道路中间的绿化分割带。除以上道路型生态廊道还有一种林荫休闲道路廊道，这种道路型生态廊道是以人的休闲娱乐为主体链接公园与公园的绿色通道，是主要以漫步和自行车等为交通形式的廊道。

13.1.3　山林生态廊道

山林生态廊道主要以自然山林为主，也可以是人工山林，如以人工建设的森林公园和带状的山林公园等。山林生态廊道宽度有几百米甚至几十公里，因有足够的宽度，这种生态廊道具有稳定的植物群落和较高的生物多样性。

13.1.4 湿地生态廊道

湿地生态廊道是指位于湿地区域之间的具有一定宽度的条带状通道，具有重要的栖息地、传输、过滤和阻抑，以及物质源、汇等功能。它能将破碎的、不同类型的湿地相互连接起来，组成更大的湿地生态系统。湿地生物可以通过湿地生态廊道，从其中一处湿地进入另一处湿地，寻找更为适宜的生境。湿地生态廊道一般呈带状或线状，与两侧的相邻的区域存在异质性。天然的河道、湖泊，以及人工水渠等都可以成为湿地生态廊道。生态廊道的重要结构特征包括廊道长度、廊道宽度、周围斑块体的位置与环境坡度、生物种类、植被密度等。通常，由于湿地是位于水陆过渡地带的生态系统，其特殊的景观位置使其廊道特征与其他景观廊道不同，它必须有一个特殊的内部主体，如溪流、河川、湖泊、沟渠，以及连串的破碎化湿地小斑块等，它们构成的湿地廊道，具有物质输移、能量流动、物种迁移等功能。廊道的宽度及其内部主体所在环境，动植物群落的特性，物种的组成和多样性、廊道形态、连续性，以及生态廊道与周围斑块的相互关系是影响廊道结构的关键因素。

13.2 生态廊道构建技术

13.2.1 生态廊道相关理论

1. 恢复生态学理论

恢复生态学理论是 20 世纪 80 年代迅速发展起来的现代应用生态学的一个分支，主要致力于在自然灾变和人类活动压力下受到破坏的自然生态系统的恢复与重建，所应用的是生态学的基本原理，尤其是生态系统演替理论。恢复生态学理论的研究对象主要包括：生态系统退化的原因与机理、生态系统恢复重建的技术与方法等。恢复生态学理论研究的主要目标是通过人工生态恢复措施，将受破坏干扰的生态系统进行恢复重建，使其具有自我恢复与自我更新能力。研究的主要目的是通过对退化和遭到破坏的自然生态系统进行改良和重建，恢复其生物学潜力。恢复生态学在加强生态系统建设、优化管理，以及生物多样性的保护等方面具有重要的理论和实践意义（王芳和龙启德，2015）。

在生态廊道规划中应以恢复生态学理论为指导，根据生态系统演替理论，尊重生态系统的自然演替。其中湿地生态廊道规划首先需要恢复构成河流生态金字塔底边的底栖动物，以修复生态系统的健康食物链，并将浅滩和深潭结构的恢复作为重点；同时在生物多样性方面，主要从基因多样性、物种多样性和生态系统多样性三个层次入手，包括水质的恢复和生物多样性的恢复，以保护生态系统生物群落的完整；还应构建乡土植物群落，遵循生态系统自身的物质循环，对生态廊道的环境进行恢复重建，实现生态廊道系统的结构修复、功能完善，以及生物多样性保护的目的。湿地廊道生态恢复除生态效益之外还有湿地廊道景观的恢复，单方面强调湿地廊道的生态功能是不充分的，在进行河流湿地廊道生态功能修复的同时，也应创造出与周围环境相协调的美丽的河流湿地廊道景观。所以在河流湿地廊道生态恢复中必须考虑景观结构要素，通过对原有湿地廊道景观要素恢复，新的景观成分的引入，调整或构造新的河流湿地廊道景观格局。同时，退化的河流湿地廊道生态系统的恢复过程还应该考虑到从小尺度到大尺度，逐步恢复的自然规律。

2. 景观生态学理论

景观生态学理论是由德国科学家 Troll 于 1939 年提出的，是以生态学的概念、理论和方法研究景观的结构、功能及其变化的生态学分支学科。景观生态学强调尺度、空间异质性和生态整体性，通过生态学方法和地理学方法相结合，在研究景观的空间格局的基础上，分析其结构与功能之间的关系，并探讨其发展变化的规律，从而建立景观的动态模型，以达到对景观进行科学合理保护利用的目的。景观生态学注重生态过程与景观格局的相互关系，"斑块—廊道—基质"模式是景观生态学的基本结构。

绝大部分湿地存在湿地面积不断减小，湿地景观破碎，湿地污染加剧，湿地资源过度利用，湿地种群衰退等诸多问题。所以，从景观生态学的理论角度出发，将相应湿地的具体要素，诸如河流、水体、林地、驳岸等，转化为"斑块—廊道—基质"模式来进行规划研究，分析其形态、数目、结构、功能等。在相应湿地中，湖泊湿地可作为斑块，河流水系可作为廊道，林地、驳岸等可认为是湿地规划的基底。以此为基础建立科学合理的湿地生态景观格局，同时兼顾水平和垂直两个梯度的生态过程，将景观格局作为核心指导生态规划，结合湿地生态廊道规划的具体要求，总结出最理想的景观格局，合理划分生态廊道的功能分区，并按照湿地景观资源的尺度来确定其保护恢复的具体建设内容，这样才能有利于湿地生态廊道的可持续发展。

景观生态学的本质在于协调人与自然的关系，具体运用到湿地生物多样性规划、廊道结构的科学构建、功能的稳定体现之中，可以有效保障湿地资源的保护恢复，湿地动植物多样性的稳定与可持续发展，具有重要的理论指导意义。生态廊道作为廊道的高级形态，其规划建设也应该遵循景观生态学的原理，从湿地景观结构、湿地生态功能、湿地景观格局三个方面确定规划思路与方法。

3. 湿地生态学理论

湿地生态学理论主要包括生态限制因子理论、生态位理论、中度干扰假说等。生态限制因子理论主要阐述生态系统中的生态因子存在量的变化会影响生物的生长和分布。生态位理论则指明一个物种所处的湿地环境及其自身生活习性的重要性。中度干扰假说指中等程度的干扰频率能维持较高的物种多样性。湿地退化的主要原因是结构的紊乱和功能的减弱。通过减少干扰，完善系统结构，在合理的管理和恢复下，湿地可得到最大程度的恢复。

在生态廊道的规划中，应该遵循湿地恢复的生态学理论，尽量减少人工对于湿地景观的干扰，并对现有的湿地资源合理利用和保护，充分发挥其生态服务功能。在充分了解湿地的类型、地理条件、气候特征、社会经济基础的前提下，突出湿地自身的特征，追求湿地系统内部各要素之间以及湿地系统与周边环境的协调统一。尤其是湿地系统内部，生态廊道的结构、功能及变化规律是规划研究的主要内容。生态廊道的核心是结构，主要包括廊道的长度、廊道的宽度、廊道的曲度、周边环境和生物。而生态廊道的物种栖息地功能、物质传输功能、物质过滤阻抑功能、供给源或汇功能，则客观反映廊道本身结构的合理性与科学性。

因此，规划相应生态廊道，需要结合廊道的现有长度、宽度、曲度及其变化规律进行科学规划，对于其湿地生态环境和湿地动植物资源应该重点保护和恢复。廊道的生态学理论与景观生态学理论关联紧密、相辅相成，对于生态廊道的具体规划实施也具有重要的指导意义。

13.2.2　生态廊道规划设计理论

1. 可持续发展理论

可持续发展理论是在 1987 年第 42 届联合国大会上被首次提出：联合国世界环境与发展委员会提出《我们共同的未来》（*Our Common Future*）的报告，详细阐述可持续发展的思想和概念。可持续发展的深刻内涵包括：共同发展、协调发展、公平发展、高效发展和多维发展。其在生态可持续发展方面，要求经济建设和社会发展要与自然承载能力相协调。发展的同时必须保护和改善地球生态环境，保证以可持续的方式使用自然资源和环境成本，使人类的发展控制在地球承载能力之内。生态可持续发展同样强调环境保护，但不同于以往将环境保护与社会发展对立的做法，可持续发展要求通过转变发展模式，从人类发展的源头、从根本上解决环境问题（徐勤，2010）。

生态廊道的规划建设是一个长期的过程，也必须坚持以可持续发展理论为指导思想，强调廊道整体与局部、主体与周边的协调关系，追求结构、功能、景观的有机结合，兼顾生态服务功能。

2. 生态规划理论

生态规划理论最早起源于 19 世纪末，苏格兰生物学家 Patrik Geddes 率先提出的"先调查、后规划"理论。20 世纪 60 年代，英国设计师 McHarg 提出"自然设计"理论，系统地对生态规划理论进行深化，使该理论趋于完善。生态规划是以生态学原理为指导，应用系统科学、环境科学等多学科手段辨识、模拟和设计生态系统内部各种生态关系，确定资源开发利用和保护的生态适宜性，探讨改善系统结构和功能的生态对策，促进人与环境系统协调、持续发展的规划方法。

目前，很多人认为生态规划就是景观规划，或者是生态绿化，这些都是对生态规划错误的理解，缺乏对生态规划正确的认识。生态规划是将生态自然资源的结合与组织，需要在规划时全方位的考虑与衡量。

在生态廊道规划中，同样要遵循生态规划理论，在廊道的布局、基础设施规划等各环节中协调各种自然要素的关系，还要注重生态服务功能与社会服务功能的结合。

3. 美学理论

美学一词来源于希腊语 aesthesis，最初的意义是"对感观的感受"。景观美学的概念起源于传统美学思想，由赫伯恩在 1966 年发表论文《当代美学及对自然美的忽视》中首次提出，这也标志着景观美学的兴起。景观美学主要研究自然美的保护和加工，探讨自然美的成因、特征、种类，以及开发、利用和装饰自然美的方法、途径等。范围涉及自然景观、人工景观和人文景观。

传统景观规划，尤其是古典欧式风格的景观，往往体现的是人对自然的改造，注重规整式的景观表现。生态规划中美学则区别于景观规划中的美学，生态美学讲求的是自然过程的美，倡导野生动植物景观的营建，不通过人工修饰或者干扰，而是通过自然选择的方式，最终形成稳定的景观体系。同时，两者虽然有一定区别，但是联系紧密，相互依托，在生态廊道的规划中，应当以生态美学为基础，适当融入景观美学，追求两者的统一。

生态廊道规划当中，生态美学的含义深刻，不仅包含景观美学，还与生态学理论紧密结合，强调生态景观的美，包括自然风景美、生态和谐美、文化景观美、科学技术美等，追求自然美和景观美的和谐统一。在生态廊道的规划中，还要注重湿地景观与人文景观的互相融合，创造自然优美的环境。

4. 游憩规划理论

生态廊道的规划不仅是为了实现其生态服务功能，同时也需要考虑其游憩景观的功能，这样才能真正达到保护湿地资源，合理利用湿地资源的目的。生态廊道，需要从自然和社会两个角度去编制规划，才是科学合理的规划。

游憩规划理论不同于传统风景园林理论，不仅从审美、艺术的角度出发，更要从大众生活游憩的角度指导规划设计，以人为主体，对湿地资源进行科学组织与合理利用，规划时讲求层次性、动态性、渗透性和综合性，将游憩规划理论贯穿于生态廊道的规划当中，创造出更加有效的资源利用方式。

同时，从传统的美化绿化走向生态健康，从客体走向主体，以人的精神需要、健康需要为目标；在方法上要以人的需要和游憩行为为依据进行规划设计。内容上从传统的园林绿化扩展到户外空间的规划设计，从个体局部转向整体系统，使自然、文化、教育等方面的游憩活动融为一体。

13.2.3　生态廊道设计原则

1. 连续性原则

以景观生态学理论和湿地生态学理论为指导，在生态廊道规划中，必须遵循连续性原则。只有连续的廊道生态系统，才能保证物种迁徙、物质流动、能量转化和信息畅通。生态廊道建设的根本目的是连接分散的湿地斑块，防止生境的"破碎化"，因此实现上述生态功能，连续性原则是廊道的规划的重点。廊道的走向、宽度等都应该围绕上述功能来规划，特别要注意外来物种对生态廊道的入侵及人工设施对生态廊道的阻隔。

2. 多样性原则

以恢复生态学理论和生态规划理论为指导，在生态廊道规划中，必须遵循多样性原则。生态廊道应该覆盖和联系尽可能多的湿地生境类型，尽量将最高质量的湿地生境包含在边界内。同时生态廊道设置足够的宽度减少边缘效益，对于其生物多样性也具有重要意义。以河流为主体的生态廊道，应包括河床、驳岸、支流和周边山体、植被、农田等。当生态廊道经过人类活动干扰较大或者自然条件恶劣的区域时，为保证生态廊道的多样性，可以建立由多个较窄廊道组成的网格系统，提供多条物质能量转移线路，以减少突发事件对单一廊道的破坏。

3. 多方参与原则

以可持续发展理论和游憩规划理论为指导，在生态廊道规划中，必须遵循多方参与原则。生态廊道规划与建设往往工程浩大，具有时间跨度长、覆盖地域范围广、涉及人口众多等特点。其实施过程当中的政策制定、资金投入、土地征用、环境改造等牵涉到各方利益。所以，生态廊道规划与建设离不开政府部门和当地群众的共同努力，需要充分调动参与各方的积极性，才能减少生态廊道项目的实施风险（詹旭奇，2019）。

4. 物种保护优先原则

以生物多样性保护为目的的生态廊道规划最重要的原则就是物种保护优先原则，修复因人类活动而造成的物种生境破碎状况，修复区域内生态系统及生态景观，达到整个生态系统平衡及生物多样性保护目标，以物种保护优先作为指导原则。

5. 保护开发原则

景观生态廊道设计开发既要考虑到生态环境问题，也要考虑到经济社会文化问题，在系统规划方法的指导下，进行保护性的开发，坚持生态系统环境的保护与利用相结合，观光旅游与环境保护相协调，减少景观斑块的碎片化，实现生物多样性保护的目标。

6. 整体性原则

景观生态廊道是区域内连接斑块的路径，它不是孤立存在的，与周边的土地、植被、水文等都密切相关，因此在进行景观廊道规划设计时，要从整体考虑，不能仅仅局限于廊道自身的构造，还要与区域内的乡村传统文化与风格相结合，以达到乡村与生态廊道的统一整体性。

7. 可持续发展原则

景观生态廊道在建立之初以改善区域内环境及保护物种多样性为目的，在经济及社会发展的条件下，应以可持续发展为廊道设计原则，在实现目前的保护目标外，还需要对今后物种不断提供保护，从长远看，对区域内景观格局的改善具有重要意义。

13.2.4　生态廊道规划方法

1. 生态规划手法

生态规划是将规划的方法引入到生态学中，通过生态规划、生态工程设计、生态与环境工程建设管理等方法使生态系统结构科学、运作高效。其手法主要包括：确定目标和范围、景观生态调查、景观生态要素分析与评价、景观生态功能分区及方案的调控。在生态廊道规划中，生态规划手法的引入使廊道生态系统的景观空间组织异质性得以维持和发展，最终形成一个结构合理、功能完善、可持续发展的生态系统。

2. 地理信息系统辅助

地理信息系统是十分重要的空间信息系统，它是在计算机系统支持下，对地球表层（包括大气层）空间中的有关地理分布数据进行采集、储存、管理、运算、分析、显示和描述的技术系统，又称为"地学信息系统"或"资源与环境信息系统"。在遥感与地理信息系统技术的支持下，通过结合生态廊道的区域特点，确定生态廊道的分类系统。通过采用景观多样性指数、分布质心和扩展度等景观的空间格局指数，比较系统地分析生态廊道的空间格局变化，从而揭示该廊道景观格局动态，为湿地资源的合理利用提供参考依据。

3. 考虑潜在物种的生境需求

景观生态廊道的首要任务是保护生物多样性，而目标物种的栖息地分布依赖于其适宜的生境是否能提供充足的食物、荫蔽条件等，景观生态廊道的设计应考虑到树种的生态功能，根据不同树种的生存环境，搭配多层次的植被类型，以适应更多物种的生存条件，吸引大量的物种以此丰富整个区域内的生态系统。

4. 合理的搭配方式

复层的植被群落结构更有利于物种的生存，其稳定性及抗干扰能力更强，根据不同植被类型的特征搭配合理的植物群落，使不同的植被群落相互协调。丰富区域内的植被群落，实现物种的多样性保护目标，美化廊道景观环境。

5. 计算机辅助

在生态廊道规划过程中，利用计算机技术对不同方案进行分析和比较，以选择最佳方案；各种收集的电子规划材料，通过计算机都能快速检索和利用；规划人员主要利用计算机进行图纸绘制和文本编排，利用计算机对文本、图纸进行修改也十分快捷方便；同时计算机能够减少设计人员的劳动量，提高工作效率与质量。

6. 调查与分析

生态规划的调查分析方法有很多种，如主成分调查分析法。调查针对规划范围内原有情况的调查，主要包括自然环境与人文历史的调查，全面掌握生态廊道规划所需的各项资料。针对调查资料的分析则涉及很多因素，不同因素存在着共性与特征，通过主成分分析法对生态廊道进行研究分析，得出共通的理论，使得规划的理论体系趋于完善和合理。此外，调查分析过程中还运用到 SWOT 分析法。SWOT 分析法，又称态势分析法，由美国管理学家史提勒（Steiner）率先提出，SWOT 分别是英文单词优势（strengths）、劣势（weaknesses）、机遇（opportunities）、挑战（threats）的缩写。对于生态廊道规划来说，优势因素指的是对生态廊道规划有利的内部因素；劣势因素是指影响生态廊道规划的内部消极因素；机会因素是指所处的外部环境中有利于促进生态廊道规划的外部有利因素；威胁因素是指所处的外部环境中影响生态廊道规划预期目标实现的外部消极因素。SWOT 分析法必须基于对研究对象的详细调查与分析，得出其内部环境中的优势因素和劣势因素，外部环境中的机遇因素和挑战因素，并将这些因素按照系统分析的要求排列成分析矩阵，将分析矩阵内的各点进行匹配之后，制定出相应的合理的发展战略。

13.2.5　生态廊道规划内容

1. 保护规划

湿地资源保护是生态廊道建设的核心，生态廊道的建设必须注重对湿地生态安全、湿地生物多样性、湿地景观资源的保护。所以在保护优先的前提下，以科学保护、因地制宜为原则，合理构建生态廊道的系统保护规划至关重要。保护规划应从水质水系、河道驳岸、动植物栖息地三个方面着手，建立从实际出发的湿地保护科技支撑系统，制定技术规范，采取技术措施，确保生态廊道健康、可持续发展。同时应建立相应的湿地保护科技支撑系统，制定技术规范，采取技术措施，确保生态廊道健康、可持续发展。

2. 恢复规划

在进行生态廊道规划时，对已经破碎化的湿地斑块及景观应做到及时修复，以恢复到自然原始状态。恢复规划应遵循最小干预原则，尊重自然演替过程，尽量保留湿地的原生形态。同时恢复时应考虑到生物多样性恢复，提高生物多样性可以充分利用各类生态位和多层次分级利用物质，从而提高系统的能量利用率；还应考虑恢复后生态廊道的可持续发展，确保所恢复湿地的长期稳定性，加强动态监测，及时进行评估和修正。恢复规划的对象则主要包括生态廊道的水系水质、驳岸及野生动植物栖息地等。

3. 科研监测规划

为了配合生态廊道的建设，加强湿地生态系统的保护和可持续发展，更好地为区域生态环境和社会经济提供保障，规划在生态廊道开展科学研究和监测。科研规划紧紧围绕保护和发展的需要开展项目研究，以近期为主，与中长期相结合，科研与宣传教育相结合。为保护、管理、开发及资源持续利用服务。重点是提高科研能力，包括条件改善、科研队伍的充实和人员素质的提高。积极寻求国内外合作研究，锻炼培养科技队伍，提高科研水平。生态廊道监测则是为了准确、及时、全面地反映生态廊道及周边地区的生态环境质量现状及发展趋势，为生态环境管理、污染源控制、环境规划提供科学依据，应加强对湿地生态环境的监测，以便制定有针对性的保护和恢复措施，更好地保护湿地生物资源，达到有效的动态管理湿地的目的。

4. 灾害防御规划

为维护生态廊道的结构稳定与功能完善，需要对有可能发生的自然和人为灾害有效预防和防御。规划时应着重从防火、防洪和有害生物防治三个方面着手。由于保护恢复后的植被覆盖率将有显著提高，火灾因素有所增多，所以组织建设相应生态廊道防火中心，统一组织和指挥，全面负责防火安全工作具有重要意义；农业流域往往水系复杂，河谷浅，蓄水能力低，暴雨后汇流迅速、洪水位涨幅大、洪峰高，防洪规划要求较高；对于可能出现的入侵动植物物种，也应做到预防为主，防治结合，避免相应生态廊道出现暴发性的生物灾害，对生态系统造成毁灭性破坏。

13.2.6　生态廊道设计的标准

1. 生态廊道的结构标准

结构是指生态廊道的各组成要素及其配置。生态廊道的功能发挥与其构成要素有着重要关系。结构可以分为物种、生境两个层次。生态廊道不仅应该由乡土物种组成，而且通常应该具有层次丰富的群落结构。生态廊道边界范围内应该包括尽可能多的环境梯度类型，并与其相邻的生物栖息地相连（李咏华，2011）。生态廊道是从各种生态流及过程的考虑出发的，增加廊道数目可以减少生态流被截留和分割的概率，数目的多少往往根据现有湿地的结构及规划功能来确定。在满足基本功能要求的基础上，生态廊道的数目通常被认为越多越好（朱强等，2005）。

2. 生态廊道宽度

生态廊道的宽度由优势保护物种的生境需求、区域内土地利用状况、生态廊道的长度，及其周边的景观类型共同决定，而优势物种的生境需求、交流繁衍是确定生态廊道宽度的重要因素。

宽度对廊道生态功能的发挥有着重要的影响。太窄的廊道会对敏感物种不利，同时降低廊道过滤污染物等功能。当廊道的微地形越复杂，植被密度越大时，所需要的廊道宽度就越小。生态廊道宽度还会在很大程度上影响产生边缘效应的地区，进而影响廊道中物种的分布和迁移。边缘种对于不同的生态过程有不同的响应宽度，从数十米到数百米不等（表 13-2）（陈可可，2021）。边缘效应虽然不能被消除，但是却可以通过增加廊道的宽度来减小。对于生物保护而言，一个确定廊道宽度的途径就是从河流系统中心线向河岸一侧或两侧延伸，使得整个地形梯度对应的环境梯度和相应的植被都能够包括在内，这样的一个范围即为廊道的宽度（朱强等，2005）。

生态廊道宽度为 3 ~ 12m：生态廊道宽度与草本植物和鸟类的物种多样性之间相关性接近于零；基本满足保护无脊椎动物种群的功能（姜明等，2009）。

生态廊道宽度为 12 ~ 30m：能够包含草本植物和鸟类多数的边缘种，但多样性较低；满足鸟类迁移的需求；保护无脊椎动物种群；保护鱼类、小型哺乳动物。

生态廊道宽度为 30 ~ 60m：含有较多草本植物和鸟类边缘种，但多样性仍然很低；基本满足动植物迁移和传播以及生物多样性保护的功能；可以截获流向河流的 50% 以上沉积物；控制氮、磷和养分的流失。

生态廊道宽度为 60（80）~ 100m：对于草本植物和鸟类来说，具有较大的多样性和较多内部种；满足动植物迁移和传播以及生物多样性保护的功能；许多乔木种群存活的最小廊道宽度。

生态廊道宽度为 100 ~ 500m：保护鸟类比较合适的宽度；具有防洪功能和很强的物质滤过功能。

生态廊道宽度为 600 ~ 1200m：结构复杂，具有很强的防洪功能、物质滤过和源汇功能；含有较多植物及鸟类内部种；满足中等及大型哺乳动物迁移宽度（朱强等，2005）。

表 13-2　不同学者提出的保护生物廊道的宽度值

学者	宽度 /m	说明
Juan 等	3 ~ 12	廊道宽度与物种多样性之间相关性接近于零
Rabent	7 ~ 60	保护鱼类、两栖类
Newblod 等	9 ~ 20	保护无脊椎动物种群
Willamson 等	10 ~ 20	保护鱼类、两栖类
Juan 和 Forman	12 ~ 30.5	12m 的草本植物多样性平均为狭窄地带的 2 倍以上，对于草本植物和鸟类而言，12m 是区别线状和带状廊道的标准，12 ~ 30.5m 能够包含多数的边缘种，但多样性较低
Cross	15	保护小型哺乳动物
Ranney 等	20 ~ 60	边缘效应为 10 ~ 30m
Corbett、Newblod、Brinson、Peterjhon、Budd 等	30	保护哺乳动物、爬行动物和两栖动物，使河流生态系统不受伐木的影响，伐木活动对脊椎动物的影响也会消失，维持耐阴树种糖槭种群最小廊道宽度
Rohling 等	46 ~ 152	保护生物多样性的合适宽度
Tassone 等	50 ~ 80	松树硬木林带内多种内部鸟类所需最小生境宽度
Juan、Antonio 等	60	满足生物迁移和生物保护功能的道路缓冲带宽度
Forman 等	61 ~ 91.5	具有较大的物种多样性和内部种
Brown 等	98	保护雪白鹭的河岸栖息地较为理想的宽度
	168	保护蓝翅黄森莺较为理想的硬木和柏树林的宽度
Peterjhon	100	维持耐阴树种山毛榉种群最小宽度
Marcelo	140 ~ 190	对于保护体重小于 2kg 的动物效果尤为明显
Stauffer 和 Best	200	保护鸟类种群
Juan、Csuti、Wilcove	600 ~ 1200	能够创造自然化的物种丰富的景观结构，森林鸟类被捕的边缘效应大约为 600m，森林的边缘效应有 200 ~ 600m 宽，窄于 1200m 的廊道不会有真正的内部生境

3. 生态廊道的连接度和曲度

连接度是指生态廊道上各点的连接程度，它对于物种迁移及河流保护都十分重要。对于野生动物来说，连接度会根据不同物种的需要发生变化。道路通常是影响生态廊道连接度的重要因素，同时，廊道上退化或受到破坏的片段也是降低连接度的因素。规划与设计中的一项重要工作就是通过各种手段增加连接度。

生态廊道的优化要求不再对濒危物种偶然的、长距离疏散的地区给予过多的注意力，而是转而侧重于关注这些物种成功地利用廊道的能力。因此，在进行生态走廊设计时，应该考虑保护区内濒于灭绝的物种的离散、季节性迁移、避难习性及其对生境的需求和适应新环境的习性等相关问题。

13.2.7　生态廊道的设计内容

1. 确定目标物种

不同的物种有不同的生境需求，对食物要求、植被类型、河流等都有不同的要求，而这些要求又对景观廊道设计的宽度、连接度都造成影响，因此，在进行景观廊道规划设计时，应参考其中最为重要的保护物种，根据其生境偏好为廊道设计做参考。重要保护物种的选择需要考虑到该物种是否对于整个生态系统具有重要意义，其保护级别是否具有代表性等条件。一般条件下，植物在廊道中交流的路径具有局限性，不选择植物作为重点的保护物种，而是选择小型的哺乳动物或鸟类等作为重点物种。

2. 优势物种的生境研究

优势保护物种的生态习性、适宜环境、食物需求等对景观廊道设计的宽度、植物配置、构成形式有直接的影响，因此在进行景观廊道规划设计时，要综合考虑到优势物种的生态习性特征，更好地利用生态廊道完成保护目标。

3. 生态廊道网络构建

生态廊道的连接是通过多个景观节点，共同构成整体的生态网络格局，单一的生态廊道无法保证生物多样性保护目标，因此在景观生态廊道的设计中应着重考虑景观生境斑块与廊道连接处的设计。

13.3　生态廊道植物配置

本土植物在当地具有适宜的生存条件，选用本土植物更方便今后的管理及减少经济成本，景观生态廊道的植被构成应遵循当地的植被类型，有利于保护区域内的生物多样性，相同的植被类型更有利于物种的交流，也能维持当地生态系统平衡，搭配栽种少量观赏性强、侵略性低、易于管理的外来植物，也能营造出多层次的生态环境及丰富物种多样性。在不同的区域栽种不同类型的树木，靠近污染地区应栽种抗污染能力强、具有净化功能的本地树种。

第 14 章　病虫害生态防控技术

14.1　水稻常见病虫害

14.1.1　水稻纹枯病

在水稻生长的中后期，其自身的免疫系统弱化，抗病虫害能力下降，导致病虫害威胁增大。水稻纹枯病是水稻生长中后期最常见的病害之一，其属于真菌类病害，多出现在水稻分蘖后期至抽穗期，该病害感染部位从最初的水稻茎秆底部逐渐向其他部位蔓延，最严重的会扩展到水稻的稻穗部位。当水稻根茎部位出现暗绿色水渍状的病斑，且病斑呈现由小到大的变化、出现水稻叶片枯死现象时，可以判断是感染了水稻纹枯病，要及时针对病害采取措施（陈登科，2017）。

14.1.2　稻瘟病

稻瘟病是水稻病害中最主要的病害之一，这类病害的传染性、扩散性较强。稻瘟病常见典型症状为"三部一线"，即病斑一般为梭形，外层黄色晕圈为中毒部，内圈褐色坏死为坏死部，中间灰白色为崩溃部，病斑两端叶脉变为褐色条状为坏死线。湿度大时病斑背面会有灰白色霉层。而对水稻感病品种，或适温高湿条件时，病斑为暗绿色、水渍状，多为不规则或近圆形病斑，正反两面都会形成灰白色霉层，一般发生比较迅速，当气候条件不适时病斑会转变为稻瘟病典型症状。另外稻瘟病显症时遭遇不良气候条件影响时会形成近圆形白色小点，后也会形成典型病斑，但如果条件适宜时则会迅速大面积发生危害。当稻瘟病侵染抗病品种时，则一般会在叶脉中间形成褐色小斑点。稻瘟病可以通过空气进行广泛传播，属于流行性水稻病害，也是水稻种植中最让农户头痛的病害。因为该病害一旦出现，轻者会造成水稻产量的降低，严重时可能会造成颗粒无收，给种植户带来重大的经济损失（王艳青，2006）。

14.1.3　水稻黑条矮缩病

近两年，该病已上升为水稻最主要的病害之一。病株矮缩，叶色浓绿僵硬，叶背、叶鞘和茎秆由于韧皮部细胞增生，表面沿叶脉有早期为蜡白色、后期为黑褐色的短条状不规则突起，这是该病的主要特点。病株分蘖增多，但幼苗发病早的无此现象。稻株发病早的呈现明显矮缩，不能抽穗；发病迟的穗小而结实不良（杨德卫和叶新福，2011）。在病株的增生组织细胞中有圆形的内涵体，直径为6.5μm。大多在抽穗前后开始发病，早的在水稻分蘖盛期前后发病。发病早的，病株矮化，叶片变黄。变黄多在病株中部叶片（在抽出叶以下，以第3叶为中心的上下2～3叶）。从叶片的中部直到叶尖黄色较明显，然而叶尖变褐；有时叶片变橙色，往往夹杂褐色的坏死斑。上部症状轻微的病叶，虽有褪色的小斑，但一般新抽出叶及其下一叶都正常不变色。在抽穗前后较迟发病时，只有明显矮化二剑叶及其下一叶的上位叶，外观叶色正常，只是易提早变黄。变黄的病株矮化，也有在变黄症状出现后才矮化。病株一般从剑叶下第4～5叶位起的节间、叶鞘和叶片长度缩短。还有的叶片稍窄并扭曲，穗轴变赤褐色，颖壳生褐色条斑等，抽穗期和健株大体相同或稍迟，病株很少枯死，但与普通矮缩病并发时也有枯死。抽穗前后发病的比健株矮12%～30%；杂质变多，未成熟米、畸形米增多，且光泽差，米的外观、食味、香味和硬度等变劣。根系不发达，细根数少，稀而刚硬，弹性差，稍变褐，上部根量少，生活力差，提早枯死。由于水分吸收不足，在烈日下叶易卷缩。症状的特点是早期发病变黄矮化，后期发病表现矮化。远看田间病株矮化呈团状，叶色变淡呈缺肥状，在其中散见明显变黄叶，施穗肥后由于健株叶色变浓，病株黄色显著，这是因为病株吸肥差，肥效难以表现。病田中大多数病丛集中形成团状病窝，也有病丛分散分布。病窝有圆形、椭网形、条状等，大小不一，分散在田中、田边不定，严重时全田发生呈凹凸状，也有见到全田低矮，其中夹杂少数健株的情况。在团状病窝中心全丛矮缩，其四周散生部分病株，有全丛矮缩和部分矮缩。团状成丛矮缩的病株易见，分散病株不易发现。病窝有两种类型，即地面为水平状的皿形和中心明显、四周逐渐由低到高的圆锥形。前者可能是急性型，症状在短期内同时发生；后者可能是慢性型，症状扩展是在较长时间内缓慢进行。

14.1.4　稻曲病

又称伪黑穗病、绿黑穗病，是由稻绿核菌引起的、发生在水稻上的一种病害。该病仅在穗部发生，危害稻穗上的部分谷粒。其先在颖壳的合缝处露出淡黄绿色的小菌块，逐渐膨大，最后包裹全颖壳，为墨绿色或橄榄色，最后开裂，布满墨绿色粉末。稻曲病仅发生在水稻穗部，危害单个谷粒，少则1～2粒，多则十余粒。受害谷粒在内外颖处先裂开，露出淡黄色块状物，逐渐膨大包裹内外颖两侧，呈孢子球，开始很小，逐渐膨大，稍扁平，光滑，外覆盖一层薄膜，随着孢子球膨大而破裂。孢子球的颜色逐渐变为黄绿色至墨绿色，表面平滑，最后龟裂，散出圈绿色粉末，即病原菌的厚垣孢子。切开病球，外层呈墨绿色，第 2 层为橙黄色，第 3 层为淡黄色，内层为白色菌丝。有的病球到后期两侧生黑色稍扁平、硬质的菌核 2～4 粒，经风雨震动很容易脱落在田间越冬（高扬等，2020）。

14.1.5　水稻螟虫

水稻螟虫又可称为水稻钻心虫，是出现在水稻生长中后期的主要虫害之一。南方地区这类虫害的主要类型为二化螟和三化螟。螟虫一生分为卵、幼虫、成虫和蛹 4 个阶段，只有幼虫阶段才蛀食稻茎。二化螟幼虫身体呈淡褐色，背部有 5 条紫褐色纵线；三化螟幼虫呈黄白色或淡黄色，背中央有一条绿色纵线。三化螟以幼虫蛀食水稻，在苗期和分蘖期蛀茎形成枯心苗或蛀入叶鞘、使被害处出现黄褐色条斑，形成"枯鞘"。如在孕穗期蛀茎，形成枯穗；抽穗后蛀茎，穗茎节受害时形成"白穗"，使产量受损；形成"虫伤株"，造成的损失较轻。螟蛾白天隐伏在禾丛间或草丛间，夜晚活动，有趋光性和趋向嫩绿稻株上产卵的习性。在水稻分蘖和孕育期产卵较多，初孵幼虫先群集于叶鞘内为害形成枯鞘，以后蛀茎形成枯心等，老熟幼虫在稻茎内化蛹。这类虫害主要出现在水稻刚刚抽穗至齐穗期，虫害进入水稻茎秆内部吸取茎秆的营养，破坏茎秆组织结构，造成水稻稻穗枯萎，出现白穗、空穗的现象，是严重影响水稻产量的虫害之一。

14.1.6　稻纵卷叶螟

稻纵卷叶螟俗称卷叶虫。该虫幼虫在苞内食叶肉，剩下表皮，形成长短不一的白斑。如果在后期受害，主要是剑叶以下两张营养叶受害，严重影响稻株光合作用及养分积累和输送，造成谷粒不充实、干秕多，造成减产。

14.1.7　稻飞虱

稻飞虱也是主要的水稻害虫之一，近两年发生特别严重，以褐飞虱和白背飞虱为主。该虫群集隐蔽于稻株中下部吸食稻株汁液，有明显的危害中心，严重时形成"落窝"，日后逐渐扩大成片，最严重时全田荒枯，损失严重。

14.2　理化诱控技术

14.2.1　杀虫灯诱控技术

蔬菜田和果园安装杀虫灯诱杀鳞翅目、鞘翅目和同翅目害虫成虫。普通用电的频振式杀虫灯两灯间距 120 ~ 160m，单灯控制面积 1.3 ~ 2.0 hm^2；太阳能杀虫灯两灯间距 150 ~ 200m，单灯控制面积 2.0 ~ 3.3 hm^2。使用杀虫灯时要保障用电安全，及时清理电网上的死虫和污垢，注意对灯下和电线杆背灯面两个诱杀盲区的害虫进行重点防治（刘庭付等，2017）。

14.2.2　色板诱控技术

黄板主要诱杀有翅蚜虫、粉虱、叶蝉、斑潜蝇等害虫；蓝板主要诱杀种蝇、蓟马等害虫。悬挂密度为：每亩黄色诱虫板规格为 25cm×30cm 的 30 片，规格为 25cm×20cm 的 40 片。可视害虫发生情况增加诱虫板数量。

14.2.3　食源诱控技术

蔬菜田推广应用害虫生物食诱剂诱杀甜菜夜蛾、棉铃虫等鳞翅目害虫。具体做法是：靶标害虫成虫高峰期前 2 ~ 3d，在田间等间距分布诱捕器，每亩 1 ~ 3 个，悬挂高度高出作物顶部 0.2 ~ 0.5m。

14.2.4　性信息素诱控技术

蔬菜田推广应用性诱剂诱杀斜纹夜蛾、甜菜夜蛾、小菜蛾等，具体做法是：在害虫发生早期，虫口密度较低，每亩设置 1 ~ 3 个诱捕器，每个诱捕器 1 个诱芯。每根诱芯一般可使用 30 ~ 40d；果园推广应用梨小食心虫性迷向素诱杀梨小食心虫，做法是在越冬代梨小食心虫惊蛰羽化前，将梨小食心虫性迷向素的胶条均匀悬挂于果树树冠的上 1/3 处，每亩 33 根。

14.3　植物防控技术

1.薄荷

薄荷包含 25 个种，除少数为一年生植物外，大部分均为具有香味的多年生植物。可以驱除蝇类、跳蚤、蚊蚋、恙螨、蜱类（图 14-1）。

图 14-1　薄荷

2. 逐蝇梅

逐蝇梅，又称马缨丹，有"驱蚊七变花"的美誉。全年开花，花色艳丽，花有红、黄、白等色，花朵初开时常为黄色或粉红色，随后逐渐变为橘黄色或橘红色，最后呈红色。枝叶与花朵中挥发出蚊蝇敏感的气味，有很强的驱逐蚊蝇功效（图 14-2）。

图 14-2　逐蝇梅

3. 荆芥

荆芥，又称樟脑草、凉薄荷，属多年生直立草本。在我国有时栽培供药用，但不是常用荆芥的正品。可以驱除蚂蚁、蚜虫、铜绿丽金龟、南瓜椿象、老鼠，根系发达，能松土，适合与茄子种在一起（图 14-3）。

图 14-3　荆芥

4. 菊蒿

菊蒿的茎及头状花序含杀虫物质，可作杀虫剂。但要注意该物种为中国植物图谱数据库收录的有毒植物，其毒性为全草有毒。可因误食过量的菊蒿油和用叶子当茶饮用而引起人中毒。牲畜误食也可中毒。可以驱除蚂蚁、小飞虫、铜绿丽金龟、黄守瓜、南瓜椿象，苍蝇、老鼠。含钾量很高，是果树、玫瑰、覆盆子的好伙伴（图 14-4）。

5. 铃兰

铃兰，又名君影草、山谷百合，风铃草，是铃兰属中唯一的种。味甜，高毒性。为多年生草本，可全草入药。夏季果实成熟后，采收全草，除去泥土，晒干。有强心、利尿之功效。用于充血性心力衰竭，心房纤颤，由高血压病及肾炎引起的左心衰竭。铃兰所含的强心苷可驱蟑螂。但又不能与丁香或水仙花靠近，会使之萎蔫（图 14-5）。

图 14-4　菊蒿

图 14-5　铃兰

6.万年青

万年青属是被子植物门百合科下的一个属，该属物种多为多年生草本植物，全株有清热解毒、散瘀止痛之效。各地常有盆栽供观赏。具有驱逐蟑螂的作用，同时可以有效吸附空气中的甲醛（图 14-6）。

图 14-6　万年青

14.4　生态控制技术

14.4.1　以虫治虫

利用瓢虫和寄生蜂等防治害虫，如管氏肿腿蜂防治松褐天牛，赤眼蜂防治松毛虫。此外，保护本地害虫的天敌是一个有效的措施，有害虫的地方就会有天敌存在，如果能够有意识地保护天敌，就能减轻或预防害虫成灾。主要方法是保护天敌安全越冬，填充寄主，在林内种植蜜源植物，合理处理人工采到的害虫卵和蛹，合理利用化学农药等。

14.4.2　以菌治虫防病

利用一些微生物对害虫具有致病的作用，如一些病毒、立克次体、细菌、真菌、线虫和原生动物。目前在杭州运用最多的真菌是利用白僵菌防治鳞翅目松毛虫、柳杉毛虫，鞘翅目的天牛等。白僵菌是一种具有广泛性的寄生真菌，可以寄生多达 200 余种的螨类和昆虫。被寄生的害虫死后虫体僵硬，生长一层厚厚的破菌丝体和粉状孢子。白僵菌一般对人畜安全，可用于喷粉，在适宜的条件下可以引起大面积流行，死亡率可以高达 80% 以上，并可以持续到下一代。

14.4.3　以鸟治虫

鸟类是取食害虫的能手，对治理害虫帮助很大。一只大山雀在整个哺雏期能捕食 2000 ~ 3000 头松毛虫幼虫。这些年，森林害虫的危害有所减轻主要是和封山育林、鸟类增多有密切联系。为了提高林内鸟类的数量，可在林内悬挂鸟箱，招引鸟类入箱育雏。鸟箱的类型有树洞巢箱和木板巢箱两种类型，以绿色的巢箱招引鸟类最多。悬挂巢箱时间，一般在秋季至早春，有利于鸟类进箱避寒，春季产卵育雏。因鸟类不同，巢箱大小、数量和位置也应区别对待。

14.4.4　以蚁治虫

蚂蚁也是某些害虫的重要捕食性天敌。据记载，早在公元 304 年，人们就应用蚂蚁来治理柑橘害虫。目前在防治当中应用较少，因为蚂蚁不好控制，而蚁穴本身对树体也产生一定的危害（许建国，2020）。

14.5　农业防治技术

提高植物抗病虫能力、减少病虫害来源是园林植物科学养护管理的重要内容。首先，须从源头上切断病虫传播途径，定期检疫植物，注重保持草坪等绿地卫生。及时清理垃圾，改善植物生长环境。其次，加强植物保护工作，改进种植技术，培育优良品种，定期对植物枝叶进行修剪，合理浇水，科学施肥。最后，及时处理、消灭虫源，清理感染虫害的植物，从根本上降低病虫害发生概率，推动生态建设。农业防控就是在不减损作物应有产量的前提下，改变人力能够控制的诸多因素，使害虫的虫口密度保持在经济危害水平以下（靳承东，2021）。

14.5.1　生物农药防治

目前可供选择的生物农药种类繁多，有植物源农药、微生物源农药、生物化学农药等 50 多种，被广泛应用到小麦、玉米、水稻等粮食作物，以及茶叶、果蔬、棉豆等经济作物的病虫害防治工作中。生物农药是基因重组、转基因育种等技术研发的成果，比如生成的枯草芽孢杆菌、苏云金芽孢杆菌种间融合菌株等，用于多种农作物病原菌的抑制，以及鳞翅目幼虫的杀灭，均有着不错的效果。

再者，生物药剂治蝗，同样取得不错成效。可供选择的微生物药剂有蝗虫微孢子虫、绿僵菌等。蝗虫微孢子虫，是一种单体的活体寄生虫，目前可感染清灭多种蝗虫及其他直翅目昆虫，这些年随着草原植保工作开展的深入，此种微生物药剂被普遍推广应用，持续时间较长，使用成本低廉，而且最主要的是环保无毒害作用。绿僵菌是一种昆虫病原真菌，其活性成分主要是其产生的代谢产物，包括毒素、酶等，目前已经发现了 12 个种和变种绿僵菌。绿僵菌通过体表入侵到害虫体内，在害虫体内不断繁殖，通过消耗营养、机械穿透、产生毒素，使害虫死亡（华小梅和江希流，1999）。绿僵菌具有一定的专一性，具有不污染环境、无残留、害虫不会产生抗药性等优点。从不同剂型的杀蝗绿僵菌中挑选最强的绿僵菌，用于蝗虫的杀灭效果理想。大量的实践证实：用绿僵菌治理蝗虫灾害，有效减退率高达 85%，最终防治率在 75% 以上（赵学剑，2018）。

生物农药的施用，有高效、低毒、低残留的优势。用于田间病虫害防治，同样注意几种药物的交替使用，以避免耐药性的形成。此外，生物农药的使用，应配用新型施药器械，以大大提升用药喷施的雾化效果，避免"跑、冒、滴、漏"，做到用药的适期、适量、对症高效，大大提升生物农药的使用效率。目前，在推广应用期间，此项防治技术的应用难度较高。错误的施用时期、保存方法，都将降低生物农药的效力。同时，用药选择要及时，推广用于早期防治，往往效果较理想，后期效果不显著，由此而证实生物农药的时效性较差，这是目前制约生物农药推广的最大障碍。为此，今后继续研发新型的防治效果好、环境兼容性强、毒副作用小的生物农药，以及配套研发使用便捷、安全、高效的施药新技术、新器械，确保高效的用药效力，是保证安全用药同时保护自然天敌做好病虫害防治的关键切入点。

14.5.2 选用抗病虫害品种

早期选栽的农作物品种，符合农艺性状好、地方适应性强、抗病性突出等要求，在后期的生长发育过程中，将大大减少各种病虫害的感染概率，从而减少或避免使用农药，降低农药频繁使用而造成的环境污染问题。

14.5.3 注意改善田间管理

根据地方农作物栽种实际情况，匹配科学合理的绿色防病虫害栽种计划，注意完善农田栽培管理制度，统一田间病虫害苗木补给、统一病虫害绿色防控管理制度、统一安排专人指导优化田间管理，确保病虫害绿色防控措施的有序实施和开展。优化推广成熟的栽培管理制度，应注意：科学肥水管理，其中滴灌技术可以提高地温，降低空气湿度，减少病虫害的发生。

14.5.4　联合监测并协同治理

根据害虫迁飞和发生规律，按照统一的调查方法，开展系统监测和大田普查，全面掌握种群消长和迁飞动态，以及害虫抗药性变化。同时，建立健全农作病虫监控信息平台和信息报送制度，实现信息实时共享。

以省（区、市）为单位，实施分区治理、协作联防，在大力推广综合防控技术措施的基础上，重点抓好关键措施落实。华南双季稻区，是"两迁"害虫中境外初始虫源迁入我国的主降区。加大早稻中后期防控力度，降低迁出种群数量，减轻江南和长江流域稻区防控压力。同时做好双季晚稻防控，切实减少产量损失。江南及长江中游的单双季稻混栽区，是"两迁"害虫主要危害区。该区域在大力推广综合防控技术的基础上，重点加强水稻中后期防控，确保水稻生产安全的同时，尽量减少虫源迁出与当地辗转危害，减轻对长江中下游和江淮稻区单季晚稻和当地晚稻的威胁。长江中下游及江淮单季稻区，是"两迁"害虫常年重发区和秋季华南、江南双季晚稻回迁虫源的主要虫源地。加强水稻生长中后期虫情监测，采取"压前控后"技术措施，将"两迁"害虫危害损失控制在 5% 以内，并减少回迁虫源基数，减轻江南和华南双季晚稻的防治压力。西南、南部稻区是稻飞虱中境外初始虫源迁入我国的主降区，是稻飞虱常年重发区；东部也是稻纵卷叶螟重发区，重点加强大田普查，做好分类指导，推进统防统治，适时开展应急防治，保障当地水稻生产安全，努力减少向江南、长江中下游等稻区外迁虫源基数。黄淮稻区，是"两迁"害虫的偶发区，重点加强水稻生长中后期田间普查，采取达标防治的控制策略，将危害损失控制在经济阈值以内。

第15章　生态农业其他技术

15.1　测土配方施肥技术

农业发展不仅要提高农作物的产量，还要兼顾生态环境的可持续发展。施肥是提高农作物产量的重要途径，对农作物健康生长至关重要。盲目施肥不仅会造成浪费，还会造成一系列的生态污染问题。测土配方施肥技术通过对土壤自有肥力的检测，结合不同农作物的特征及农业生产需求，进行肥力把控，可提高肥料利用率，减少浪费，实现生态环境可持续发展和农业增收。因此，要重视测土配方施肥技术及其推广应用（何松娥，2021）。

测土配方施肥技术是农业生产中比较成功的施肥方法，较传统施肥更具优越性。传统施肥具有盲目性，在没有了解土壤肥力状况的情况下直接施肥，虽然可以促进农作物的生长，但却收效甚微，长期盲目施肥会导致土壤污染等问题，不利于农业生产的长期发展。测土配方施肥是以不同类型肥料在农田试验中表现出的特性和农业生产需要为导向的施肥方法。测土配方施肥的应用并不是简单地"对症下药"，选择符合农业生产需要的肥料固然重要，但也不能忽视作物的生长习性。因此，在应用测土配方施肥技术的过程中须综合考虑土壤检测、作物生长需求、施肥方案等。

15.1.1　测土配方施肥与有机肥合理运用的优势

1. 有利于提升土壤肥力

测土配方施肥技术与有机肥的合理运用，可以帮助农户掌握化肥的用量，真正达到调肥增产、减肥增产、增肥增产的种植效果。因为很多地区的农户在农业生产时，会忽视化肥结构的均衡性，长期使用单一种类的化肥，会导致土壤养分失衡，给农作物的增值增产造成很大影响。因此，要想改善现状，应积极采用测土配方施肥技术来消除土壤中存在的养分障碍因素，保持土壤养分的持久平衡，进一步提高农作物的产量和质量。另外，一些农户由于自身缺乏科学的施肥意识，认为只有施加高肥，才能实现作物增产增收。这种错误的认知不仅不利于农作物的健康生长，而且还会增加土壤的种植负担，降低农作物的产量。因此，通过测土配方施肥技术来对种植土壤中的养分情况进行科学监测，进而根据监测结果来控制化肥用量，达到理想的农作物种植效果（潘殿莲等，2021）。

2. 有利于提高农作物品质

通过测土配方施肥技术与有机肥的有效融合，不仅可以有效增强肥料中的磷、钾，以及其他微量元素的供应能力，而且在光合作用下，还能满足不同作物不同生长阶段对营养的需求，进而更好地促进农作物的生长发育，使其整体产量和质量等都能得到进一步的提升。另外，测土配方施肥技术的合理运用，可以实现对土壤营养成分的科学调控，并在此基础上降低病虫害的发生概率，从而最大化增强农作物的品质，帮助农户获得相应的生产收益。

3. 有利于保护生态环境

测土配方施肥技术与有机肥的科学运用，除进一步提高农作物的质量和产量，同时还能有助于保护自然生态环境。因为在测土配方施肥阶段，都会将有机肥作为主要原料，这样就会大大促进用地与养分的有机融合，保持土壤肥力，使其可以真正实现可持续发展，最大化避免荒漠化和盐碱化问题的发生。

15.1.2　测土配方施肥工作流程

1. 野外调查

相关农业种植技术人员在采用测土配方施肥与有机肥混合应用技术时，首要任务就是要亲自深入到野外进行取样调查，进而对当地种植土壤的类型、质地、前茬作物产量、施肥、降雨等情况进行全面的掌握，在此基础上控制好肥料的用量及有机肥的使用方法。另外，为确保测土配方施肥与有机肥混合应用的优势能够得到充分的发挥，还要合理选择调查取样方式，尽量采用资料收集整理与野外定点采样调查相结合的方式，并在土壤采样后，要对农户过往施肥情况进行全面了解，制定出最佳的施肥方案，保证农作物的种植质量和生产产量。

2. 土样采集

在采用测土配方施肥与有机肥技术时，土壤采集工作是最为重要的环节内容，要想确保数据采集的准确性，应积极按照以下几点采集原则来进行。第一，代表性采集。应确保采集布点分布的代表性和均匀性，既要考虑土壤类型与分布情况，同时，还要对土壤肥力的高低以及农作物种类等进行全面考虑。第二，可比性采集，即在第二次土壤普查的取样点上进行布点。第三，适时性采集。在农作物的不同生长发育阶段定期对土壤进行采样。第四，典型性采集。要确保采样单元的稳定性和针对性，尽量避免各种非调查因素的影响。另外，为了便于日后田间试验活动的顺利开展，还要尽量在各采样单元的中心位置上进行取样，并按照相应的要求对采样土壤进行风干晾晒及妥善保存。

3. 田间试验

一般情况下，测土配方施肥与有机肥的科学运用，都要通过多点田间试验来进行验证和实现，合理地对不同农作物的施肥品种、施肥比例、施肥数量、施肥日期，以及施肥方法等进行确定。另外，在田间试验阶段，相关农业种植技术人员还要建立施肥指标体系，进而对土壤养分校正系数、土壤供肥能力、作物养分吸收量等基本参数进行相应的掌握，为施肥分区和肥料配方的科学设计提供可靠的参考依据。与此同时，在试验过程中，一定要确保试验地点的代表性和交通便利性，进而按照土壤肥力的大小来合理布置试验点，不仅要确保试验区域内具备完整的隔离措施和保护措施，还要统一试验田管理标准，提高相关试验工作人员的综合素质与能力。

4. 配方设计

要想进一步突出测土配方施肥与有机肥的运用优势，相关技术人员应结合土壤田间试验数据，根据当地的地形地貌、气候条件，以及土壤类型、作物品种、耕作制度等要素来进行区域配方设计和地块配方设计。首先，区域配方设计。必须积极运用 GIS 平台，使用 Kriging 方法制作土壤养分分区图，在这一过程中，不仅要综合考虑区域土壤类型、土壤质地、气象资料、种植结构等因素，还要充分利用信息技术绘制区域性土壤养分空间变异图和县域施肥分区图等，真正实现对各分区肥料配方的优化设计。其次，地块配方设计。在这一过程中，一方面要根据农作物的目标产量来对氮磷钾肥的用量进行合理控制，并及时向农户提供配方肥料，指导农民使用；另一方面还要对基肥主体配方进行准确确定，并且要按照"大配方、小调整"的原则充分考虑有机肥料的施用情况，可以采用同效当量法对有机肥与无机肥养分进行换算，达到良好的配方设计效果，最大化突出测土配方施肥与有机肥的运用优势。

15.1.3　测土配方施肥技术在水稻种植中的应用

1. 控制氮肥施用

水稻植株生长过程中，氮肥可以为作物生长提供关键的营养成分，主要提供合成氨基酸所必需的原料，促使植物得到快速生长。若水稻种植人员随意施加氮肥、减少其他肥料的施加，就会造成水稻生长因营养供给不平均，导致地面上的部分生长过于旺盛，但土壤下面的根系无法深入。在抽穗和生长期间就会因根系养分供给不足，产生瘪粒等现象。过多使用化肥会对土壤造成一定的损伤，严重破坏土壤的结构组成，使当前种植的作物出现生长不佳的情况，最终降低作物产量。氮肥含量过多会造成水稻蛋白质含量超标，影响粮食食用口感。因此，水稻种植过程中应合理使用氮肥。例如，某水稻种植地区，在水稻田上进行测土配方施肥技术后，着重安排肥料的施加情况。相关工作主要分为以下四方面：第一，使用深施土埋的方式进行氮肥的使用，结合实际情况选择施肥深度，充分延长施肥时效，增加肥料的使用率。第二，根据氮肥使用期短的特点，选择少量多次的使用方式，严格控制住氮肥的使用量，避免氮肥形成浪费的使用情况。第三，根据土壤实际情况选择整个种植阶段的氮肥使用量，结合水分流失时长，进行氮肥与尿素的更换施加。第四，应进行氮肥的适当缓释。节省成本的同时，提升作物产量（高雪冬等，2021）。

2. 调控肥料施用

合理使用钾肥和磷肥，一定程度上也会促使水稻的产量得到提升。实际生产过程中，部分种植人员对肥料的使用方式不当，造成肥料混合使用、盲目使用、施用方式不当等现象，不仅浪费肥料增加种植成本，还破坏土壤结构影响水稻产量。因此，钾肥和磷肥的使用过程中应按照科学施肥的方式开展工作。种植期间，注意肥料的使用时间。秧苗期应适量施加基肥，幼穗期应施加钾肥提升植株抗性增加光合作用。钾肥施加前，应注意在钾含量少的田里多施加些，反之钾含量多的稻田中应少施加。

磷肥的具体应用，可根据以下案例并结合实际情况，开展相关农业生产工作。例如，某地施加磷肥的过程中，将磷肥与有机肥综合，使用早施的方式充分促进植株根部对磷元素的吸收。为使水稻返青早，应采用分层施肥的方式进行磷肥的施加。结合实际，在水稻的根部与根系深处之间进行施加。水稻到达生长后期，根系生长逐渐减慢、老化，为避免水稻水磷元素的缺失，选择根外喷施的方式，可提升磷肥的使用效率。

3. 加强田间管理

全面使用测土配方施肥技术的过程中，应注重水稻的田间管理工作。完善的水稻稻田管理，可保障水稻测土配方施肥技术有效开展。第一，初步种植完成后需及时进行稻苗的补苗和查苗工作。保证植株间的间隙相同，并在幼苗扎根后及时进行肥料的施加工作，在初期全面促进水稻的生长。第二，注重田间的杂草处理工作。防止杂草吸收过多养分，影响水稻的正常生长。除草工作一年需进行 2～3 次，使稻田内土壤疏松更适合水稻生长。第三，若种植期间遭遇暴雨等恶劣的天气情况。为防止影响到水稻的产量，应及时进行抗涝工作。争取改善水稻的生长环境，为其提供最适宜的环境。第四，水稻生长期间应注重病虫害防治工作。其中稻瘟病、水稻纹枯病等，均对其造成极大影响。做好水稻的病虫害的防治，需结合具体情况选择对应的防治措施。第五，水稻属于硅酸性作物。应保证土壤中的硅含量为其提供合适的生长环境，保证硅元素的充足。

15.2　有机肥替代技术

作物的生长全过程需要 17 种必需营养元素的持续供给，而化肥是其供应的重要来源，肥效快，对作物增产和品质影响大。但长期施用化肥，尤其是近年来不合理的化肥滥施造成诸多危害，如土壤酸化、水体富营养化、作物品质持续降低等。我国是传统农业大国，自古就有施用农家有机肥的习惯，有机肥对土壤的改良与培肥、有机质的提升，尤其是对作物品质的形成作用大，而且其具备养分齐全、肥效长、来源广、就地取材方便等优点，在倡导绿色农业发展与食品安全的当下，有机肥再次引起人们的高度重视。但是有机肥养分总量相对不足且分解缓慢，不能及时满足作物养分需求，单施有机肥在一定程度上会影响作物的产量与品质。因此，如何科学合理发挥化肥的速效性和有机肥的长效性等优点，使其既满足作物产量品质形成时期对大量养分的需求，又持久稳定供应作物养分，改良土壤结构和培肥地力，这是土肥工作者和从业者十分重视的问题。化肥减量与有机肥配施，即有机肥替代化肥技术，目的在于不影响甚至还要提高作物产量和品质的前提下，进一步改善土壤和作物根际微环境，从而提高土壤肥力，增加作物产量，提升作物品质，减轻农业污染等。目前，关于有机肥替代技术在粮食作物上研究较多，主要集中在作物产量和品质上，但对该技术的系统分析和综合评价鲜有报道（万连杰等，2021）。

15.2.1　有机肥替代技术模式

当前有机肥替代化肥技术的兴起和发展，涌现出多种模式，目前主要分为以下几种。

1. "有机肥 + 配方肥" 模式

针对蔬菜种植中化肥过量和施肥结构不合理等问题，结合土壤养分性状和蔬菜需肥特性，实行农牧结合，就地就近利用有机肥资源，增施有机肥，优化化肥运筹，示范引导菜农科学施肥。一是基肥增施有机肥（侯宗海，2020）。具体用量根据蔬菜品种和地力情况确定，配方肥配比根据蔬菜品种确定，精准施肥减少化肥用量。二是追施配方肥。根据蔬菜种类、需肥规律等，在蔬菜生长中后期追施适量配方肥，追肥数量、追肥次数根据蔬菜种类而定。三是农民堆制有机肥。利用畜禽粪便、作物秸秆、尾菜等原料进行堆沤发酵处理，制成腐熟有机肥，在核心示范区应用于蔬菜基地，培肥地力，减少蔬菜生产对化肥的依赖（农新，2020）。

这种模式适用范围广，在大小规模种植户上都可推广。种植大户和企业可收集当地养殖场粪便来堆肥，针对作物和土壤的特性在减少化肥的用量时配施有机肥，小规模的种植户在作物种植上选择商品有机肥配施减量的化肥。该模式在推广使用前，需要经过田间试验，探索适合当地土壤和作物的有机肥替代化肥比例，有机肥一般作基肥施用，追肥时根据土壤与叶片营养诊断情况施用配方肥，来达到有机和无机配施的目的，前期投入费时费力，不过一旦确定最适配比和类型后，在培肥土壤、改善作物品质和提高产量上均有益。当地政府需要灵活调配资源，依托相关部门提供技术支持，坚持示范性推广该模式。

2. "有机肥 + 水肥一体化" 模式

在核心示范区建设水肥一体化设施设备，开展菜地及果品生产基地水肥一体化应用试点。在蔬菜栽培中，基施有机肥，追肥采用水肥一体化，实现精确、及时、均匀自动化施肥，提高水肥利用效率，节约用肥、用工和用水。

该模式需要结合作物需肥特性精确地调控化肥和有机肥用量，能充分提高有机肥的利用率，适合大规模农业种植户或企业。虽然基础设施造价高，前期一次性投入过高，但后期在作物增值效益上也明显。该模式除前期投入大，对技术要求也高，无论在精确的控水上，还是在掌握作物需肥水的时间上都要求及时跟进，此外肥料要选择水溶性的，也会增加成本。政府在资金和政策上要对当地农业企业和种植大户提供扶持，做大做强一批当地农业企业或组织，形成示范来推广。探索适应于当地生产的合作模式，采取政府购买设施和服务或通过招商引资，形成多方社会参与的格局，统筹好当地技术服务模式。

3. "沼渣沼液＋配方肥＋机械化深施"模式

运用大型养殖场沼气工程产生的沼渣、沼液，配合机械施用配方肥，以提高土壤有机质含量，减少化肥用量。

4. "设施蔬菜＋秸秆生物反应堆"模式

在设施菜地推广蔬菜秸秆＋畜禽粪便生物反应堆技术，可释放二氧化碳，增强光合作用，提高地温，改善土壤环境，增加土壤有机质含量，抑制土壤次生盐渍化。

5. "有机肥＋机械深施"模式

推广有机肥机械深施模式，以基肥为主，减少施肥劳动强度。基肥采用机械深施（≥15cm），追肥采用机械开沟（≥5cm）条施覆土（侯宗海，2020）。

15.2.2　有机肥替代技术要点

以"替"为主，综合采取"改"（改良土壤酸化、盐渍化等障碍因素）、"培"（培肥地力）、"保"（保水保肥）、"控"（控制重茬带来的生理病害发生）等技术。现以设施黄瓜、设施番茄和设施辣椒为例，将"有机肥＋配方肥"模式和"有机肥＋水肥一体化"模式总结如下（侯宗海，2020）。

1. "有机肥＋配方肥"模式

1）设施黄瓜

一是基肥。移栽之前，结合整地基施经过充分腐熟的优质农家肥（鸡粪、猪粪、牛粪等）75～90m³/hm²，或施用商品有机肥（含生物有机肥）7500～11250kg/hm²，同时基施45%配方肥（15-20-10）600～750kg/hm²。二是追肥。每次追施45%配方肥（20-10-20）75～120kg/hm²。初花期以控为主，追肥时期为三叶期、初瓜期、盛瓜期。根据收获情况，每采收1～2次追肥1次。一般秋冬茬和冬春茬追肥7～9次，越冬茬追肥10～14次。

2）设施番茄

一是基肥。与黄瓜类似。二是追肥。每次追施硫酸钾型45%配方肥（15-8-22）75～120kg/hm²，随水追施7～10次。施肥时期为开花坐果期、果实膨大期。根据番茄收获情况，每收获1～2次追肥1次。

3）设施辣椒

一是基肥。与黄瓜类似。二是追肥。每次追施45%配方肥（15-8-22）

180 ~ 225kg/hm²，随水追施 3 ~ 5 次。追肥时期为苗期、开花坐果期、果实膨大期。根据辣椒收获情况，每收获 1 ~ 2 次追肥 1 次。

2. "有机肥＋水肥一体化"模式

1）设施黄瓜

一是基肥。移栽前，结合整地基施经过充分腐熟的优质农家肥（鸡粪、猪粪、牛粪等）60 ~ 75m³/hm²，或施用商品有机肥（含生物有机肥）7500 ~ 11250kg/hm²，同时根据有机肥的用量基施 45% 配方肥（15-20-10）450 ~ 600kg/hm²。二是追肥。定植后，前两次苗期浇水时不施肥，每次灌水量为 225 ~ 300m³/hm²；第 3 次及之后苗期浇水时，每次浇水推荐追施 50% 水溶肥（20-10-20）45 ~ 75kg/hm²，每隔 5 ~ 6 天灌水施肥 1 次，每次灌水量 150 ~ 225m³/hm²，共 3 ~ 5 次；开花坐果后，结合采摘，每次灌溉追施 45% 水溶肥（18-5-22）45 ~ 75kg/hm²，每次灌水量 150 ~ 225m³/hm²，共 8 ~ 15 次。

2）设施番茄

一是基肥。移栽前，基施经过充分腐熟的优质农家肥（鸡粪、猪粪、牛粪等）45 ~ 60m³/hm²，或商品有机肥（含生物有机肥）7500 ~ 11250kg/hm²，同时基施 45% 硫酸钾型复合肥（15-20-10）450 ~ 600kg/hm²，旋耕机翻地后整地移栽。二是追肥。定植后，前两次苗期浇水时不施肥，每次灌水量为 225 ~ 300m³/hm²；第 3 次及之后苗期浇水时，每次浇水推荐施用 60% 水溶肥（15-30-15）45 ~ 75kg/hm²，每隔 5 ~ 10 天灌水、施肥 1 次，每次灌水量为 150 ~ 225m³/hm²，共 3 ~ 5 次；开花坐果期和果实膨大期每次施用 45% 水溶肥（18-5-22）75 ~ 120kg/hm²，灌水量为 75 ~ 225m³/hm²，每隔 7 ~ 10 天灌水、施肥 1 次，共 10 ~ 15 次。

3）设施辣椒

一是基肥。移栽前 3 天，基施经过充分腐熟的优质农家肥（鸡粪、猪粪、牛粪等）30 ~ 45m³/hm²，或商品有机肥（含生物有机肥）7500 ~ 11250kg/hm²，同时根据有机肥用量基施 45% 配方肥（15-20-10）450 ~ 600kg/hm²，旋耕机耕翻，使肥、土混合均匀。二是追肥。定植时浇定植水，定植后第 3 天利用水肥一体化灌溉系统浇缓苗水，要浇足、浇透使垄面湿润，灌水量约 225m³/hm²；苗期、初花期用 50% 水溶肥（20-10-20），每次用量为 45 ~ 75kg/hm²，每隔 5 ~ 10 天灌水施肥 1 次，灌水量 150 ~ 225m³/hm²，共 2 ~ 3 次；在开花坐果期、果实膨大期推荐施用 45% 水溶肥（18-5-22），每次用量 75 ~ 120kg/hm²，每次灌溉量 150 ~ 225m³/hm²，共 3 ~ 5 次。

15.2.3 有机肥替代化肥对土壤环境的贡献

1. 对改良土壤理化性质的作用

土壤团聚体结构、土壤孔隙度、土壤 pH 和土壤矿质养分含量等理化指标，常被用来衡量土壤基础肥力水平。有机肥富含有机质和营养元素及多种活性物质，既能供给作物各生长发育阶段对养分的需求，又能改善土壤结构。有研究指出，在设施栽培中施入不同有机物料处理的大于 0.25nm 的团聚体比不施肥处理增加 33.46% ~ 56.09%，土壤容重比不施肥处理减轻 6.52% ~ 9.40%，总孔隙度增加 6.69% ~ 7.89%。长期施用有机肥能够改变土壤不同粒级的组成，由于有机物质的胶结作用使小于 2μm 粒级土壤颗粒的含量减少，2 ~ 10μm 粒级明显增加，说明施用有机肥对促进土壤团粒结构的形成、改善土壤的理化性质具有积极意义。增施有机肥处理后，与单施化肥相比，土壤有机质和速效钾含量分别增加 20.40%、40.10%，碱解氮和有效磷含量分别下降 21.53%、21.31%，在保证产量和品质的前提下降低土壤氮磷污染的风险。

有机肥培肥地力的效果在有机肥替代化肥的技术中也有体现。在一定范围内，有机肥替代化肥可显著改善土壤理化性状，包括降低土壤容重和土壤液相，显著提高土壤田间持水量、土壤毛管孔隙度、气相比例和土壤速效钾含量及肥料利用率等。另外，有机肥替代化肥 25%、50%、75% 的处理土壤含水量均高于单施化肥，替代比例为 50% 时，土壤有效磷、速效钾含量较单施化肥处理显著提高，有机质含量也随有机肥替代化肥比例的增加而增加。由此说明，有机肥替代化肥技术能改善土壤理化性质。

2. 对改善土壤微生物的作用

土壤微生物在土壤生态中十分活跃，对土壤肥力和土壤质量变化能作出快速的反应。土壤微生物有细菌、真菌、放线菌等，是土壤中重要的组成部分，也是土壤物质转化和能量循环过程中不可或缺的参与者，在土壤的新陈代谢、土壤生态系统的转变、土壤肥力的形成、养分的有效利用和环境污染净化等过程中起着极其重要的作用。土壤微生物生命活动和植物根系产生的土壤酶，在土壤物质转化和能量转化过程中起主要作用，能灵敏反馈土壤的状况，因此常作为一个重要指标来表征土壤肥力。有机肥养分齐全，供时长，活性物质多，施于土壤，相当于给土壤"接种"，可改善土壤生物特性，培肥土壤。不同施肥处理会影响辣椒土壤微生物数量，不同有机肥处理均能提高土壤微生物数量，其中，以商品有机肥中的鸡粪有机肥最为明显，能显著提高土壤细菌、真菌、放线菌数量，而化肥在不同程度抑制土壤微生物数量。施用不同比例的有机肥与化肥能显著改变土壤细菌群落结构，增加有机肥替代比例，不仅有利于土壤碳和养分的积累，而且有利于维持细菌群落的多样性。在棉花试验田上进行有机肥替代试验，发现有机肥替代化肥处理组中土壤微生物量、酶活性和拮抗微生物种群均有所改善，且减少土传病害的发生。有机肥替代化肥技术对土壤微生物数量、酶活性和群落结构等特性都有不同程度的改善。

3. 对降低土壤环境污染的风险

化肥的生产原材料中本身就含有一些重金属或有毒物质，在化肥里残留，随着农田里化肥的过量施用，既会在作物体内聚集，也会在土壤中残留累积，随着雨水淋溶而进入水体，对人体和环境造成危害。农业生产中遗弃的秸秆是常见的废弃物，处理不当会对环境造成污染。秸秆是一种重要的可利用资源，能做有机肥的原料，但在农事管理中，农民常会随意将秸秆焚烧，产生很多污染环境的气体，也有将秸秆丢弃后被雨水冲刷进入河流中，由于秸秆体内的氮、磷、钾等养分偏高，分解后进入水体，会造成水体的富营养化，影响水体环境。施用水稻秸秆有机肥可提高土壤有机质含量、pH、总氮含量、总磷含量、总钾含量，改善土壤环境，增加土壤肥力，提高土壤保肥保水能力，且能促进水稻生长，进而提高水稻产量。因此，加大对作物秸秆的回收利用与制备成有机肥，既可以减少秸秆对环境的污染，也能节约利用资源，创造收益。

有机肥的一些原材料也含有重金属，如畜牧业中饲料添加剂的使用会造成牲畜排泄物的重金属含量高。但单施化肥增加土壤重金属的风险指数却大于有机肥。施用化肥在增加土壤中的 Zn、Cd 和 Cr 方面作用明显，使用化肥会增加土壤重金属污染风险，而施用有机肥会降低这种风险，有机肥部分替代化肥增加土壤固碳潜力，稳定土壤生态系统，降低土壤重金属污染风险。综上所述，和单施化肥相比，有机肥替代化肥技术更符合绿色可持续发展理念（万连杰等，2021）。

15.2.4　有机肥替代化肥对作物的生理作用

1. 改善作物光合生理

光合作用是植物重要的生理活动，对植物生长和发育至关重要。有机肥富含多种营养元素和活性物质，配施化肥，可增加叶绿素含量，增强叶片的光合特性。如鸡粪和化肥配施可以促使葡萄果实转色期和成熟期的叶片净光合速率较单施化肥提高 4% ~ 31%，增强葡萄叶片的光合作用能力和光合产物形成。有机肥替代80% 处理组的小麦叶面积指数和光合速率较单施化肥高。进行减施化肥总施氮量处理后的光合速率、水分利用效率、蒸腾速率和气孔导度均有明显提高，净光合作用增强。用有机培肥处理的小麦光合速率较单施化肥增幅为 5.39% ~ 28.75%，减施氮肥配施的有机肥有利于提高叶绿素含量并维持旗叶较高的光合速率。有机肥替代化肥技术能提高作物叶绿素含量、增强光合速率及整体上改善光合生理。

2. 提高作物营养吸收利用效率

有机肥替代化肥能增强作物的营养水平，提高肥料利用率。肥料利用率展示肥料、土壤及作物三者的关系，能反映出施肥措施的合理性。当前国际上通用的肥料利用率指标包含肥料的吸收利用率、农学利用率、生理利用率和偏生产力，这些指标从不同的侧面反映农作物对肥料的利用效率，而我国目前肥料利用率通常用吸收利用率来表示。农业生产上施用的化肥量普遍偏高，但实际利用率却较低，大多数的养分不仅直接浪费，还增加生态环境的污染风险。有研究指出有机肥替代化肥可提高玉米对氮的利用效率，提升氮肥的表观利用率、偏生产力和贡献率。有机肥化肥配施对水稻氮素积累量也有影响，总氮素累积量以施 20% 有机肥氮最高，此时回收利用量最高。施用有机肥处理对叶片中的大、中量元素影响明显，可以提高柑橘叶片的养分含量，与单施化肥相比，施用有机肥处理叶片中全磷和全钾含量有所提高，且差异极显著，有机肥配施化肥处理的效果较好，全磷和全钾含量较单施化肥处理高出 0.36g/kg 和 11.28g/kg。有机肥替代化肥技术整体上能提高肥料利用率，改善作物的养分吸收水平。

15.2.5　有机肥替代化肥对作物产量品质和经济效益的影响

1. 对作物品质的影响

有机肥替代技术能满足作物在生长期对养分的需求，且有机肥中含有的活性物质"接种"到土壤中会改善根际微生物区系的环境，肥料中含有的有益菌种能改善植物的生理状况，提升作物品质。生物有机肥部分替代化肥可使莴笋的株高、茎长及茎粗不同程度地增加，可提高莴笋茎、叶中可溶性蛋白、可溶性糖和维生素 C 含量，其中化肥减施 20% 的条件下每亩配施 400kg 生物有机肥最优。与单施化肥相比，增施有机肥能有效提高西瓜果实中的可溶性蛋白质、番茄红素、瓜氨酸含量，降低西瓜果实中的硝酸盐含量，当氮肥、磷肥、钾肥施用量减少 33.3% 同时配施一定量的稻壳粪及鸡粪，西瓜风味品质明显改善。虽然有机肥替代化肥在一定程度上能改善作物品质，但不合理的配施比例也会对品质造成影响。有机肥氮在 20% ~ 40%，稻米品质较佳，比例过高则稻米易碎、垩白率上升和蛋白质含量下降。由此可见，有机肥替代技术能改善作物品质。

2. 对作物产量和经济效益的影响

作物产量和经济效益直接决定着农户种植的积极性，通过改变农民的不良施肥习惯，推广有机肥替代化肥技术，对作物产量和经济效益的改善意义重大。同一化肥水平下，增施生物有机肥后经济产量均高于单一化肥处理，就经济系数而言，80% 常规施肥 + 生物有机肥处理的较 100% 常规施肥处理高 1.14%，增施生物有机肥较单一化肥经济系数平均提高 1.29%。有学者研究化肥、有机肥配施对苹果产量的影响，结果表明：化肥与有机肥配施处理下苹果产量呈逐年稳步上升趋势，5 年平均产量最高达 36.88t/hm^2，较对照增加 42.30%（万连杰等，2021）。施用不同量的生物有机肥处理的莴笋产量分别比单施化肥处理增产 4.76%、15.33%、11.08% 和 4.11%，其中化肥减施 20% 并增施生物有机肥处理的产量最高，亩产达 8277.00kg，配施生物有机肥处理的各莴笋经济效益较单施化肥明显增加，其中化肥减施 20% 并增施生物有机肥处理的经济效益最优，亩净收益为 19570.73 元，比单施化肥处理增收 2040 元，增加了 11.64%（张迎春，2020）。

综上所述，有机肥替代化肥技术在作物品质、产量和经济效益上，都有一定程度的改善和提升。

15.3　秸秆还田技术

作物秸秆是指成熟农作物收获后残留的茎叶（穗）等部分副产品，储存着大量光合作用的产物，是一种可再生的生物资源，秸秆还田配合化肥的施用能够有效提供作物生长发育需要的营养素，对农业生产具有很大的利用价值。因此，资源化高效利用作物秸秆可以有效推动农业的可持续发展。

过去很长时期内秸秆多被用于生活燃料和牲畜饲料。然而，随着生活水平的提高，传统的秸秆利用方式逐渐减少，秸秆处理问题已成为一大难题，特别是在粮食生产密集区域，秸秆处理问题更显突出。据调查，2016 年全国秸秆的综合利用率为 81.68%，且地区间秸秆利用水平差异大，田间焚烧和随意丢弃的现象依旧存在，秸秆的回收利用问题正面临严峻的挑战。作物秸秆还田是解决秸秆浪费最高效的措施之一，许多学者通过研究均发现，秸秆还田能有效优化农田生态环境，改善土壤理化性质，提高作物产量。近年来，关于秸秆还田的方式与秸秆还田技术的研究比较多，对田间工作有较强的参考价值。但是，不当的秸秆还田方式与技术可能影响作物的生长与产量，同时覆盖在田间的秸秆也带来病虫草害。因此，综合分析秸秆还田的利与弊，完善与推广秸秆还田技术，对农业可持续发展有着重要的意义（陈婉华等，2021）。

15.3.1　秸秆还田的方式

秸秆还田的方式有直接还田和间接还田。直接还田有直接粉碎还田和覆盖还田，是最为方便、有效的途径，可以大大减少工作量，提高还田效率，对于作物产量提高也有不错的效果。间接还田有沤制还田和过腹还田，前期准备时间长，容易受环境的影响，需要工作量大，产出量小，还田效率低，优点是成本低廉。就地焚烧秸秆是坚决不可取的，国家严格禁止，并且被焚烧的秸秆造成大气污染，含有大量的氮素飘入空气中，严重污染环境，而且很容易造成火灾，烧毁树木和其他农作物。

秸秆直接粉碎还田，就是用秸秆粉碎机收割后的作物秸秆直接粉碎还田。粉碎后耕翻土，秸秆营养完全锁在土壤里，该还田方式省工、方便、简单，但要求耕作地块广阔、平坦适宜机械化作业，还要有良好的浇水条件。

秸秆覆盖还田，就是将作物秸秆直接覆盖在地面上，以减少水分蒸发，抑制杂草生长，腐熟后撒入土壤，以达到地块增墒、保水、增产等。该方式适合浇水条件不好的旱地和秋茬作物应用，不宜种小麦。

秸秆沤制还田，就是将作物的秸秆堆在一起沤制，腐熟成肥，再施入田地里，是过去传统的有机肥制作方式。但此方式需要投入较多的人力物力，现在应用面积明显不多。

秸秆过腹还田，大部分农作物秸秆可用作畜禽饲料，特别经过青贮等技术处理后，牛、猪、羊更喜欢吃。秸秆作为饲料，经这些畜禽食用消化吸收后排泄的粪，是优质的有机肥。在广大的农业区，小麦、玉米轮作区，形成一个天然的大牧场，饲料资源丰富，养殖优势也充分。利用作物秸秆发展养殖业，为人们提供肉蛋奶，为农业提供有机肥，打造良好的生态环保（陈婉华等，2021）。

15.3.2　秸秆还田技术要点

适量增施氮肥，秸秆的养分要先腐熟分解转化，养分缓慢释放出来，当季作物吸收利用率较低，要对当季的农作物进行正常的肥料追施。秸秆还田多是玉米秸秆和小麦秸秆，纤维含量高，秸秆在腐熟分解过程中出现碳氮比例失调，碳素多、氮素少，参与秸秆腐熟分解的微生物从田地里吸取氮素来满足补充不足，造成与农作物争氮素的矛盾，因此秸秆还田地要适当增施氮肥。秸秆还田量要均匀，应做到均匀还田，防止稀稠厚度不均，耕作面高低不平，影响耕作、播种不均、出苗不匀等问题。还田的秸秆越细越碎越好，这样与土壤易紧密结合，不影响下茬的耕作、播种、出苗。具体注意以下几点（陈婉华等，2021）。

1. 秸秆粉碎且施用均匀

无论采取哪种还田方式，都要遵循严格的粉碎标准，这样才能加速秸秆的腐烂和矿化，有利于后期农作物的生长。秸秆堆沤还田时，应把秸秆切碎或粉碎，1~3cm 为宜，堆沤 15d 左右后，腐熟堆沤肥料可直接施入田间地块。施用时要均匀，否则厚处很难耕翻入土，导致田面高低不平，不利于灌溉排水。秸秆直接还田时，粉碎秸秆长度应小于 5cm（小麦留茬高度控制在 10cm 以内）。在选用粉碎机械时要以大马力机械为主，以保证其有足够的功率和动能将秸秆切碎，耕翻入土时深度要保持在 15cm 以下，覆土要盖严、镇压，起到加速秸秆分解、有利于后期播种的农作物出苗、蓄水保墒的目的（梁亚超，2019）。

2. 合理控制秸秆使用量和时机

在对玉米秸秆、麦秸秆等直接翻压还田时，要控制翻埋秸秆量，合理施用。秸秆使用量过多不仅会影响秸秆腐化分解的速度，而且在腐化分解过程中会产生过多有机酸，损害作物根系，因此一般秸秆还田数量不宜过多，还田秸秆以 7500kg/hm^2 左右为宜；否则耕翻难以覆盖。秸秆含水量在 30% 以上时，还田效果明显较好。

3. 直接还田翻压要及时

小麦、玉米等作物在收获果穗时，一般采取边收割边粉碎秸秆的方式，同时应采取耕翻措施，一般耕深 20cm 以上，以保证秸秆翻入地下并盖严，耕翻后用重型耙耙地，有条件的地方应及时浇水。秸秆还田后的垄形较原垄形降低高度一般不超过 5cm。秸秆混拌进土壤的覆盖率要大于总土壤面积的 70%，抓住收获时期秸秆水分含量较高这一有利因素，及时翻埋后以利于秸秆腐化分解，避免秸秆晒干影响腐熟速度。

4. 加强水分调控

秸秆腐解速度与土壤水分状况密切相关。秸秆直接翻压还田时，须把切碎后的秸秆翻埋至 15cm 以下的土壤中，并覆土严密，预防跑墒。对于土壤墒情状况较差的地块，耕翻后应灌水、补水，促使秸秆吸水分解；对于土壤墒情好的地块，应采取镇压保墒，促使土壤密实以利于秸秆吸水分解。

5. 合理补充氮、磷肥等

一般粮食作物秸秆的腐解受土壤水分、温度、碳氮比的影响很大。新鲜秸秆的碳氮比大，秸秆在腐熟的过程中，会出现反硝化作用，微生物吸收土壤中的速效氮，把农作物所需要的速效氮夺走，使幼苗发黄，生长缓慢，不利于培育壮苗，因此需要适当补充氮肥和磷肥。

6. 注意连年秸秆还田的影响

连年有大量秸秆残株进入土壤时，为加速秸秆有机物腐解与土壤肥水相融，以及防止秸秆残株在土壤中出现隔墒等不利影响，要求秸秆粉碎程度高，一般切割长度在 5cm 以下。在秸秆还田土壤中，使用化学除草剂，特别是播前进行土壤处理的化学除草剂，其有效使用剂量应适当提高。

15.3.3　作物秸秆还田对农田生态环境的影响

1. 对土壤容重和孔隙度的影响

土壤容重和孔隙度是土壤的基本物理性质，容重越大，孔隙度越小。关于作物秸秆还田对于土壤容重和孔隙度的影响，学者们的看法有所不同，有人认为随着还田年限的延长可以很好地改良土壤容重、孔隙度，并且具有饱和性和平衡性，在 0 ~ 50cm 的土层中土壤容重缓慢降低，而土壤孔隙度逐渐加大。研究也发现连续秸秆还田两年并配施腐熟剂对土壤容重的降低有显著的效果。经过研究对比玉米的 3 种耕作模式，发现在深松和免耕下，土壤容重有略微的增加，但在播种和收获时期，3 种耕作模式下的土壤容重都处于作物生长的适宜范围。

2. 对土壤温度的影响

土壤温度影响着作物的生长、发育和产量的形成（刘继培等，2017）。苏伟（2014）的研究表明秸秆覆盖 0 ~ 5cm 和 5 ~ 10cm 的土层下能减缓全天温度变化幅度，与未覆盖处理相比减少 22.3% 和 35.4%。刘炜等（2007）的研究表明秸秆覆盖能增加冬季昼夜平均温度。赵亚丽等（2014）研究秸秆还田下一年两熟制农田的土壤温度，发现夏玉米季的平均土壤温度明显降低，而冬小麦季的平均土壤温度明显升高，证明秸秆还田对土壤温度有调节作用，即在低温季节增温、高温季节降温。陈素英等（2005）通过测定玉米秸秆覆盖的冬小麦土壤温度，发现白天秸秆可降低土壤温度，夜间秸秆可阻碍土壤温度降低，且秸秆多覆盖对土壤温度的影响大于秸秆少覆盖。

3. 对土壤水分的影响

土壤水分对作物的生长和产量有着关键性的作用，无论哪种耕作模式，土壤水分不足都将影响作物的出苗率。秸秆还田能够有效改善土壤结构，从而增加土壤含水量和蓄水能力。牛芬菊等（2014）在半干旱旱作区通过多年研究得到，土壤含水量在秸秆还田处理下显著高于不还田处理，尤其是在作物灌浆期和成熟期，有效证明秸秆还田对土壤的渗水性和保水能力有提高作用。根据对辽南地区土壤水分进行为期四年的试验，发现在秸秆连年还田处理下的土壤蓄水能力大于秸秆隔年还田处理，无秸秆还田处理下的土壤蓄水能力最小。也有研究者发现玉米秸秆还田能够提高小麦拔节期和孕穗期的土壤含水量，并且土壤含水量随秸秆还田量的增加而呈现先升后降的趋势（李录久等，2017）。

4. 对土壤养分的影响

有机质是土壤的重要组成部分，土壤生物和微生物的活动都与它有着密切的联系，有机质可以促进土壤中营养元素的分解，有效提高土壤的保肥性和缓冲性。对稻麦两熟农田进行秸秆还田处理，会发现土壤养分和有机质均有明显增加，且随还田量的增加而先增后减，以 50% 和 75% 的还田量为最优。有研究认为玉米秸秆还田后土壤有机质与秸秆还田量呈正相关，并能有效抑制土壤有机质的降低。有学者进行连续 4 年秸秆还田定位试验，明确土壤总有机质和活性有机质在秸秆还田的条件下均显著增加的结论，未施氮素处理的相较对照处理的分别增加 8.5% 和 12.7%。秸秆还田与耕作方式对稻田土壤有机碳也有影响，试验表明由于还田下秸秆的腐解物和微生物分解的有机质能提高土壤活性有机碳含量，所以土壤易氧化态碳与碳库管理指数均增加，且其随还田量的增加而增大。

5. 对土壤微生物的影响

土壤肥力的核心是土壤微生物，它们可为土壤供应氮、磷、钾等营养元素。秸秆直接还田后，可以增强土壤中的纤维素酶、蔗糖酶、辅酶和多酚氧化酶活性，土壤生物肥力和养分库均增大，土壤养分利用和转化的能力增强。路怡青等（2013）在玉米 - 小麦轮作保护性耕作定位试验中认为，免耕加秸秆还田可以增加土壤碱性磷酸酶、转化酶、脲酶、脱氢酶活性，秸秆还田可以增加土壤微生物量碳、微生物量氮，其中在 20 ~ 30cm 土层中，微生物量碳在免耕 + 秸秆还田处理下最高，微生物量氮在翻耕 + 秸秆还田处理下最高。对小麦和玉米等作物分别进行秸秆还田和深（松）耕处理，对比不同耕作方式对土壤微生物的影响，结果发现秸秆还田处理可以提高冬小麦成熟期的土层微生物数量，秸秆还田处理下夏玉米成熟期 0 ~ 20cm 的土壤细菌数量、真菌数量、放射菌数量比不还田处理下增加 27.5%、24.0% 和 25.8%。顾美英等（2016）研究秸秆还田对新疆极端干旱地区土壤微生物数量的影响，发现不同的秸秆还田方式下，土壤微生物数量均有显著增加。

6. 对作物产量的影响

大量研究表明，秸秆还田对作物有显著的增产效应。连续的稻草秸秆覆盖还田能显著增加油菜产量，五年平均增产14.2%；秸秆还田3年后，小麦产量随还田年限的延长而增加（陈婉华等，2021）。覆膜与不同秸秆还田方式对玉米生长发育也有影响，一方面，秋季覆膜的玉米果穗穗长、穗粗、穗位高、穗粒数、百粒重在整株秸秆还田处理下最大，玉米产量在秸秆还田处理后较对照有增产的趋势；另一方面，在秸秆还田初期，可能引起暂时性生物固定作用增强，使土壤中部分有效养分被吸收到微生物体内，而在一定时空条件下暂时失去有效性（陈婉华等，2021）。另外大量的秸秆还田，还有可能对作物的初期生长产生显著影响。有不少研究显示，在还田条件下，当季作物产量并不表现增产甚至减产，最主要的原因是初期生产受到一定的抑制，导致群体生长量偏低（陈婉华等，2021）。

参 考 文 献

白艳鹏, 高金环, 赵赴越, 等 . 2019. 稻田养蟹技术要点 . 吉林农业, (4): 59.

曹藩荣, 廖侦成 . 2021. 冬季茶园管理技术 . 广东茶业, (1): 20-21.

陈登科 . 2017. 水稻种植技术的主要环节与病虫害防治要点 . 南方农业, 11(6): 16, 18.

陈可可 . 2021. 生态安全格局下的生态廊道规划研究 . 合肥: 安徽农业大学 .

陈素英, 张喜英, 裴冬, 等 . 2005. 玉米秸秆覆盖对麦田土壤温度和土壤蒸发的影响 . 农业工程学报, (10): 171-173.

陈婉华, 袁伟, 王子阳, 等 . 2021. 作物秸秆还田研究进展 . 中国农学通报, 37(21): 54-58.

成昊, 叶芬, 宋谋胜 . 2017. 表面水力负荷对锰渣陶瓷球填料人工湿地的影响研究 . 环境污染与防治, 39(6): 594-597, 603.

初炳瑶, 陈法军, 马占鸿 . 2020. 农业生物多样性控制作物病虫害的方法与原理 . 应用昆虫学报, 57(1): 28-40.

董晓亮, 陈克勤, 李正兵 . 2006. 土地整治中生态沟渠建设研究 . 农业与技术, 41(22): 59-61.

段田莉 . 2016. 人工湿地 + 生态塘耦合深度处理污水厂尾水 . 青岛: 青岛理工大学 .

范莹, 刘芊宏 . 2016. 人工湿地污水处理技术研究现状分析 . 中国高新技术企业, (30): 99-100.

高光明, 陈昌福 . 2019. 小龙虾健康养殖问答 (14). 渔业致富指南, (3): 63-67.

高焕芝, 彭世彰, 茆智, 等 . 2009. 不同灌排模式稻田排水中氮磷流失规律 . 节水灌溉, (9): 4.

高雪冬, 丁俊杰, 顾鑫, 等 . 2021. 测土配方施肥技术在水稻种植中的应用研究 . 现代农业研究, 27(7): 36-37.

高扬, 宋微, 步金宝, 等 . 2020. 黑龙江省水稻主要病害防治技术研究 . 北方水稻, 50(4): 14-16.

顾红平, 唐玉华 . 2020. 稻田小龙虾养殖技术要领 . 渔业致富指南, (24): 51-54.

顾晋饴, 陈融旭, 王弯弯, 等 . 2019. 中国南北方城市河流生态修复技术差异性特征 . 环境工程, 37(10): 67-72.

顾美英, 唐光木, 葛春晖, 等 . 2016. 不同秸秆还田方式对和田风沙土土壤微生物多样性的影响 . 中国生态农业学报, 24 (4): 489-498.

郭冲 . 2012. 淡水虾养殖技术 . 农技服务, 29(6): 744, 746.

郭海燕, 李双, 朱杰, 等 . 2022. 异育银鲫 "中科 5 号" 的规模化繁育和养殖推广 . 科学养鱼, (2): 79-81.

韩忠良, 蒋东 . 2001. 稻田养龟技术 . 中国农村小康科技, (Z2): 32-33.

郝贝贝, 王楠, 吴昊平, 等 . 2022. 生态沟渠对珠三角稻田径流污染的削减功能研究 . 生态环境学报, 31(9):1856-1864.

何红梅 . 2019. 鲜切青花菜保鲜技术研究及推广使用 . 江西农业, (18): 138-139.

何松娥 . 2021. 测土配方施肥技术及其推广对策 . 农业科技与信息, (12): 62-63.

何松云, 杨海军, 闫德千 . 2005. 城市河流生态恢复的尺度 . 东北水利水电, 23(10): 40-41, 53-72.

何昕宇 . 2021. 灌区生态田间工程设计、运行技术要点探析 . 黑龙江水利科技 , 49(6): 101-103.

贺斌 , 胡茂川 . 2022. 广东省各区县农业面源污染负荷估算及特征分析 . 生态环境学报 , 31(4):771-776.

贺斌 , 马宇 , 高芳 , 等 . 2022. 制备高通量、抗污染 PDA/PEI 纳米颗粒膜用于农村含油生活污水处理 . 环境科学研究 , 35(7):1547-1555.

贺基瑞 . 2012. 人工湿地对皂河河道中有机物净化及影响因素研究 . 西安 : 西安建筑科技大学 .

贺瑞敏 , 张建云 , 陆桂华 . 2005. 我国非点源污染研究进展与发展趋势 . 水文 , 25(4): 10-13.

贺霞霞 . 2021. 格宾网覆土生态护坡技术在区域河道治理中的应用研究 . 农业科技与信息 , (7): 17-18, 20.

侯宗海 . 2020. 蔬菜有机肥替代化肥技术探析 . 现代农业科技 , (20): 80-82.

华小梅 , 江希流 . 1999. 我国农药的生产使用状况及其对环境的影响 . 环境保护 , (9): 23-25.

黄璜 , 刘小燕 , 戴振炎 , 等 . 2016. 湖南省稻田养鱼生产与农业供给侧改革 . 作物研究 , 30(6): 656-660.

贾艳秋 , 刘凤志 . 2017 . "鱼 – 鸭 – 稻" 共作的几点做法 . 科学种养 , (6): 13-14.

姜巨峰 , 刘肖莲 , 史东杰 , 等 . 2020. 透明鳞草金鱼稻田综合种养试验 . 科学养鱼 , (9): 76-77.

姜明 , 武海涛 , 吕宪国 , 等 . 2009. 湿地生态廊道设计的理论、模式及实践——以三江平原浓江河湿地生态廊道为例 . 湿地科学 , 7(2): 99-105.

蒋欣彤 , 马平焕 . 2021. 稻田养鱼 (鸭) 生态模式技术应用与效益分析 . 南方农业 , 15(12): 45-46.

焦佳美 . 2015. 我国生态农业发展状况与对策研究 . 石家庄 : 河北师范大学 .

金秋 , 李伟 , 粟世华 , 等 . 2019. 一种逐级生物操控型生态净化塘系统 : CN109987715B.

靳承东 . 2021. 园林植物病虫害防控现状及防控对策 . 世界热带农业信息 , (1): 48-49.

黎玉林 , 龙光华 , 李晓光 , 等 . 2003. 广西地区冬闲田养鱼配套增产技术 . 中国水产 , (10): 41-43.

李翠英 . 2018. 鱼塘青苔的危害与防控 . 新农村 , (4): 34.

李根 , 杨庆媛 , 何建 , 等 . 2015. 生态道路建设中绿化植物的功用及选择配置 . 林业调查规划 , 40(4): 88-92, 96.

李海鹏 . 2007. 中国农业面源污染的经济分析与政策研究 . 武汉 : 华中农业大学 .

李红娜 , 叶婧 , 刘雪 , 等 . 2015. 利用生态农业产业链技术控制农业面源污染 . 水资源保护 , 31(5): 24-29.

李进林 , 韦杰 . 2017. 三峡库区坡耕地地坎类型、结构与利用状况 . 水土保持通报 , 37(1): 229-233, 240.

李静 . 2007. 中小型水库鱼类病害的防治 . 农业知识 , (7): 10.

李良玉 , 魏文燕 , 唐洪 , 等 . 2017. "稻 – 鸭 – 鱼" 立体综合种养关键技术 . 水产养殖 , 38(8): 24-26.

李琳 , 聂紫瑾 , 朱莉 , 等 . 2018. 北京市农田生态景观建设实践与探索 . 天津农业科学 , 24(6): 32-35, 62.

李录久 , 吴萍萍 , 蒋友坤 , 等 . 2017. 玉米秸秆还田对小麦生长和土壤水分含量的影响 . 安徽农业科学 , 45 (24): 112-113, 117.

李倩玮 . 2016. 广东生态农业发展模式研究 . 湛江 : 广东海洋大学 .

李世娟,李建民. 2001. 氮肥损失研究进展. 农业环境保护, 20(5): 377-379.

李松龄,马许,陈冠军,等. 2006. 蛋鸭科学饲养与疾病综合防治技术. 河南畜牧兽医, 27(9): 13-15.

李文祥,赵燕,毛昆明. 2001. 论生态农业与农业可持续发展的关系. 经济问题探索, (8): 51-54.

李想,薛翠云. 2017. 稻田养鸭的饲养技术要点. 畜禽业, 28(9): 46-47.

李晓莲,杨怀钦. 2013. 发展生态农业控制洱海流域农业面源污染. 农业环境与发展, 30(3): 53-54.

李咏华. 2011. 基于 GIA 设定城市增长边界的模型研究. 杭州: 浙江大学.

李媛媛. 2019. 稻蟹种养生态养殖技术. 中国水产, (4): 85-88.

李宗群,王金胜,凌君芬. 2017. 淡水小龙虾稻田养殖技术. 渔业致富指南, (3): 44-47.

梁凌云,吴一桂. 2017. 山区闲田禾花鲤无公害养殖技术. 科学养鱼, (11): 18-19.

梁亚超. 2019. 秸秆还田技术的应用措施. 江西农业, (18): 137, 139.

廖炳英. 2012. 湿地系统植物选择研究. 绿色科技, (4): 161, 164.

廖家涛. 2020. 有机水稻高产栽培技术要点探析. 广东蚕业, 54(8): 52-53.

林超文,罗春燕,庞良玉,等. 2010. 不同耕作和覆盖方式对紫色丘陵区坡耕地水土及养分流失的影响. 生态学报, 30(22): 11.

林伟. 2012. 山区稻田鲤鱼养殖技术初探. 广西农学报, 27(2): 58-59.

刘福林,何贤明. 2013. 稻田生态养蟹技术. 宁夏农林科技, 54(9): 77-78, 80.

刘贵仁. 2014. 稻田养殖黄金鲫技术. 黑龙江水产, (1): 23-24.

刘寒. 2018. 小麦病害的表现及防治措施. 河南农业, 3(7): 44.

刘红玉,赵志春,吕宪国. 1999. 中国湿地资源及其保护研究. 资源科学, 21(6): 34-37.

刘华清. 2019. 人工湿地基质堵塞形成机制、作用效能及防治技术研究. 济南: 山东大学.

刘惠萍,张拥健,占家智. 2021. 稻田养鸭新技术. 科学种养, (6): 60-62.

刘继培,张扬,崔广禄,等. 2017. 秸秆还田对土壤理化性质及小麦产量的影响. 河北农业科学, 21(6): 44-48, 98.

刘森,陆敬波. 2019. 黔北山区高标准稻渔综合种养效益分析. 科学养鱼, (11): 82-83.

刘庭付,李汉美,马瑞芳,等. 2017. 高山菜豆"丽芸 2 号"轻简化栽培技术. 北方园艺, (20): 212-213.

刘炜,高亚军,杨君林,等. 2007. 旱地冬小麦返青前秸秆覆盖的土壤温度效应. 干旱地区农业研究, 25(4): 197-201.

卢春玲,李丁未,王文聪,等. 2017. 文山州高原特色农业稻鱼鸭稻田生态循环种养技术. 农业与技术, 37(10): 153-154.

卢太晏,李志娟,顾绍锋. 2019. 稻田养鸭技术. 云南农业, 366(7): 77-78.

路怡青,朱安宁,张佳宝,等. 2013. 免耕和秸秆还田对小麦生长期内土壤酶活性的影响. 生态与农村环境学报, 29(3): 329-334.

陆琴. 2021. 玉屏自治县稻鱼综合种养示范及效益分析. 贵州畜牧兽医, 45(5): 29-30.

陆兆波. 2019. 池塘两季青虾套养河蟹技术. 农村新技术, (3): 28-29.

骆世明. 1995. 中国多样的生态农业技术体系. 自然资源学报, 10(3): 225-231.

马继侠, 袁旭音, 徐海波. 2009. 浅谈农田面源污染的生态控制技术. 浙江水利科技, (2): 1-3.

牛芬菊, 张雷, 李小燕, 等. 2014. 旱地全膜双垄沟播玉米秸秆还田对玉米生长及产量的影响. 干旱地区农业研究, (3): 161-165, 188.

农瑞斌. 2017. 文山州高原特色稻田种养生态循环工程技术模式及效益 // 第七届云南省科协学术年会论文集——专题二: 绿色经济产业发展. 普洱: 云南省科协中共普洱市委: 304-308.

农新. 2020. 有机肥替代化肥 让 "菜篮子" 更安全. 农村新技术, (12): 4-7.

欧阳威, 郝芳华. 2016. 农药面源污染流失特征及生物炭控制优化. 北京: 科学出版社.

潘殿莲, 姜永竹, 李凌燕. 2021. 探究测土配方施肥与有机肥的合理运用. 农业开发与装备, (4): 126-127.

齐茜, 张纪亮, 朱文文, 等. 2018. 一种生态塘净化农村污水系统: CN208218625 U.

屈文毅. 2017. 浅谈海绵城市规划实践——在海绵城市规划大推进背景下的浏阳. 中外建筑, (9): 93-95.

沈林亚, 吴娟, 钟非, 等. 2017. 分级进水对阶梯垂直流人工湿地污水处理效果的影响. 湖泊科学, 29(5): 1084-1090.

沈晓昆. 2003. 无公害优质稻米生产新技术——稻鸭共作. 农业装备技术, 29(2): 18-19.

史艳杰. 2018. 浊漳河南源上游某人工湿地工程可行性研究. 节能, 37(12): 77-80.

宋云. 2021. 湘西土家族苗族自治州山区稻田生态养鱼技术要点. 乡村科技, 12(10): 69-70.

苏伟. 2014. 稻草还田对油菜生长、土壤肥力的综合效应及其机制研究. 武汉: 华中农业大学.

唐洪, 李良玉, 魏文燕, 等. 2017. 成都市稻田养鳖关键技术. 渔业致富指南, (16): 32-34.

唐显枝. 2016. 浅析城镇生活污水的生物处理技术. 江西建材, (13): 136-137.

陶正凯, 管凛, 荆肇乾, 等. 2021. 人工湿地处理含抗生素水的微生物响应研究进展. 水处理技术, 47(9): 12-17, 31.

腾芸. 2018. "稻–鱼" 立体种养技术要点. 科学种养, (1): 60-62.

万连杰, 李俊杰, 张绩, 等. 2021. 有机肥替代化肥技术研究进展. 北方园艺, (11): 133-142.

汪洋. 2007. 农田面源污染现状及防治措施. 农技服务, 24(8): 116.

王芳, 陈山山, 张玉梅, 等. 2022. 价值认知、环境规制对蕉农绿色防控行为的影响——基于多变量 Probit 模型的证据. 海南大学学报 (人文社会科学版), (4): 138-148.

王芳, 龙启德. 2015. 浅析退化生态系统恢复与重建. 贵州科学, 33(1): 92-95.

王慧茹, 陈柏秀, 陈克春, 等. 2019. 稻虾连作高产高效典型经验. 科学养鱼, (8): 24-25.

王健. 2010. 表面流人工湿地污水处理技术应用探讨. 安徽建筑工业学院学报 (自然科学版), 18(4): 51-55.

王金胜. 2020. 池塘工业化斑点叉尾鮰成鱼不同密度养殖试验. 科学养鱼, (6): 40-41.

王静, 郭熙盛, 王允青. 2011. 秸秆覆盖与平衡施肥对巢湖流域农田氮素流失的影响研究. 土壤通报, 42(2): 5.

王文彬. 2018. 稻田养鱼的安全用药措施. 新农村, (8): 32-33.

王文彬. 2019a. 稻田养鱼节本增收技术. 渔业致富指南, (20): 38-40.

王文彬. 2019b. 罗非鱼养殖经营增收技巧. 科学种养, (9): 55-56.

王贤成. 2019. 稻田综合种养实践与探讨. 农民致富之友, (3): 78.

王艳华, 邱现奎, 胡国庆, 等. 2011. 控释肥对坡地农田地表径流氮磷流失的影响. 水土保持学报，25(2): 10-14.

王艳青．2006. 近年来中国水稻病虫害发生及趋势分析．中国农学通报，22(2): 343-347.

王宇阳．2021. 木本植物多样性对人工湿地生态系统净化功能的影响．杭州：浙江农林大学．

吴昊平，秦红杰，贺斌，等．2022. 基于碳中和的农业面源污染治理模式发展态势刍议．生态环境学报，31(9):1919-1926.

吴俊，朱凌宇，张家宏，等．2017. 江苏里下河地区1稻2鸭共作模式生产技术．浙江农业科学，58(9): 1616-1617, 1625.

项习君．2011. 小麦赤霉病的识别与防治．农技服务，28(5): 656, 661.

邢大鹏．2019. 格宾网在中小河流护岸中的应用．农业科技与信息，(5): 106-107.

邢九保．2001. 稻田养蟹的水质管理．安徽农业，(6): 31.

徐建欣，徐志军，杨洁，等．2018. "稻－鳖－鱼－鸭" 复合共生模式种养技术与前景探讨．中国稻米，24(2): 24-27.

徐谦．1996. 我国化肥和农药非点源污染状况综述．农村生态环境，12(2): 39-43.

徐勤．2010. 水质型缺水地区节水型城市建设研究．南京：南京理工大学．

徐新良，陈建洪，张雄一．2021. 我国农田面源污染时空演变特征分析．中国农业大学学报，26(12): 157-165.

许建国．2020. 不同处理对沙棘嫩枝扦插生根的影响研究．现代农业，(12): 90-91.

许建敏，田浩，王玮．2019. 城固县稻虾共作种养技术．畜禽业，30(4): 18-19.

雅丽．2002. 稻田养龟有高招．云南农业，(4): 22.

颜志辉，郑怀国，王爱玲，等．2022. "十三五" 时期中国农业 "药肥双减" 效果分析．中国农业科技导报，24(11): 159-170.

杨德卫，叶新福．2011. 中国水稻矮化类病毒病的研究进展．福建农业学报，26(2): 321-328.

杨国淑，邹寒，张改景．2019. 绿色生态道路理念在海绵城市道路建设中的应用探索．绿色建筑，11(2): 11-15.

杨海峰，魏勋，魏效领，等．2017. 稻田生态养殖泥鳅试验．科学养鱼，(3): 42-43.

杨军，杨媛．2020. 水生植物在园林绿化景观中的种植技术研究．城市建设理论研究 (电子版)，(16): 122-123.

杨林章．2018. 我国农田面源污染治理的思路与技术．民主与科学，(5): 16-18.

杨喜红．2022. 小麦病虫害综合防治技术．河南农业，(1): 42.

杨轶．2012. 论我国生态农业及其发展对策．太原：太原科技大学．

杨著山，陈忠明．2014. 山区稻田禾花鱼高产养殖技术．农民致富之友，(10): 280, 185.

叶华．2017. 中科3号冬片鱼种池塘培育技术．渔业致富指南，(21): 48-49.

叶谦吉．1982. 生态农业．农业经济问题，(11): 3-10.

袁娇，梁玉刚，陈灿，等．2021. 稻－鱼－虾综合种养技术要点．湖南农业，(8): 24-25.

臧凤岐，刘卓乔，王丽雯．2017. 浅析人工湿地植物配置——以奥林匹克森林公园为例．现代园艺，(12): 82.

翟勇．2006. 中国生态农业理论与模式研究．杨陵：西北农林科技大学．

詹旭奇．2019. 海岸生态廊道设计理论研究．大连：大连理工大学．

张锋．2011. 中国化肥投入的面源污染问题研究．南京：南京农业大学．

张桂林，李学斌，李帅，等 . 2019. 潜江市农田灭鼠措施探讨 . 农村实用技术，(9): 114.

张国龙 . 2017. 稻田种养生态循环技术及生态效益分析 . 农技服务，34(14): 128.

张国庆，晏再生，吴慧芳，等 . 2020. 不同基质对沉水植物苦草生长的影响研究进展 . 化学与生
　　物工程，37(12): 1-8.

张静 . 2020. 北方地区鱼类池塘越冬管理小结 . 科学养鱼，(1): 18-19.

张开礼 . 2019. 稻鳖综合种养技术 . 河南水产，(5): 15-16.

张迎春 . 2020. 生物有机肥部分替代化肥对莴笋生长生理、养分利用及土壤肥力的影响 . 兰州：
　　甘肃农业大学 .

张翔，李子富，周晓琴，等 . 2020. 我国人工湿地标准中潜流湿地设计分析 . 中国给水排水，
　　36(18): 24-31.

张轩溢 . 2020. 水生植物净化功能在河道生态治理中的应用 . 科技视界，(22): 171-172.

张学师，尤婷婷，宋长太 . 2020. 池塘工业化生态系统建设与养殖技术——以江苏省射阳县周正
　　海家庭农场为例 . 养殖与饲料，19(8): 74-76.

赵虎生 . 2019. 人工湿地发展概况及应用前景 . 现代农业科技，(7): 167, 174.

赵佳，翟爱良，吴明明，等 . 2017. 再生砖骨料多孔混凝土护坡技术研究 . 新型建筑材料，44(1):
　　64-67.

赵倩，庄林岚，盛芹，等 . 2021. 潜流人工湿地中基质在污水净化中的作用机制与选择原理 . 环
　　境工程，39(9): 14-22.

赵天才 . 2017. 稻田养鱼 增收致富 . 中国畜牧兽医文摘，33(3): 102.

赵学剑 . 2018. 农作物绿色防控技术 . 农业开发与装备，(9): 97, 101.

赵亚丽，薛志伟，郭海斌，等 . 2014. 耕作方式与秸秆还田对土壤呼吸的影响及机理 . 农业工程
　　学报，30 (19): 155-165.

甄兰，廖文华，刘建玲 . 2002. 磷在土壤环境中的迁移及其在水环境中的农业非点源污染研究 .
　　河北农业大学学报，(S1): 55-59.

郑远洋 . 2017. 稻田养殖方正银鲫技术要点 . 黑龙江水产，(2): 25-27.

钟乐芳，玄福，玄寿 . 2001. 选购种龟四注意 . 农村发展论丛，(Z3): 23.

周凡，线婷，贝亦江，等 . 2019. 德清县新型稻－鳖共生模式与效益分析 . 新农村，(5): 30-31.

朱强，俞孔坚，李迪华 . 2005. 景观规划中的生态廊道宽度 . 生态学报，25(9): 2406-2412.

朱万斌，王海滨，林长松，等 . 2007. 中国生态农业与面源污染减排 . 中国农学通报，23(10): 184-
　　187.

朱以明，陈允生，陆红 . 2022. 水利工程河道生态护坡施工技术 . 珠江水运，(5): 111-113.

祝江华 . 2016. 稻鳖共生种养结合模式的技术要点 . 农技服务，33(18): 114.

庄大昌，丁登山，任湘沙 . 2003. 我国湿地生态旅游资源保护与开发利用研究 . 经济地理，23(4):
　　554-557.

Austin D, Nivala J. 2009. Energy requirements for nitrification and biological nitrogen removal in
　　engineered wetlands. Ecological Engineering, 35(2): 184-192.

Wesström I, Messing I. 2007. Effects of controlled drainage on N and P losses and N dynamics in a
　　loamy sand with spring crops. Agricultural Water Management, 87(3): 229-240.